숲으로 가는 길

임도의 과학적 근거

권형근 김소연 서정일 손지영 어수형
이준우 임상준 최윤성 한상균 황진성

추천하는 글

숲과 산림경영을 잇는 길, 임도

배재수 (국립산림과학원장)

'숲길'과 '임도'라는 말을 들을 때 어떤 생각이 드시나요? 숲길은 우리말로 이루어져서인지 당장이라도 걷고 싶을 만큼 친근하게 느껴집니다. 임도林道는 '숲'과 '길'이라는 우리말을 단지 한자로 옮긴 것임에도 다소 멀게 느껴집니다.

법률로도 두 단어는 다른 뜻을 담은 길입니다. 숲길은 산림복지를 위한 기반시설로, 등산·트레킹·레저스포츠·탐방 또는 휴양·치유 활동을 위하여 산림에 조성한 길을 뜻합니다. 숲길은 산림 안의 길과 연결된 산림 밖의 길도 포함합니다. 반면, 임도는 산림관리를 위한 기반시설로 산림경영과 자원관리를 위해 만들어진 도로입니다. 임도는 숲 안의 길만을 포함합니다.

숲길과 임도는 저마다 존재 이유가 있습니다. 숲길이 국민 삶의 질을 높이는 산림복지 수단으로 기능하는 것처럼, 임도는 숲을 효율적으로 관리하고 임업인의 소득을 높이는 산림경영 수단으로 쓰입니다. 우리에게 바쁜 일상을 벗어나 쉼터가 되어주는 숲길처럼, 임도는 집을 짓고 종이를 만드는 목재를 생산하는 길입니다. 우리에게 일터에서의 노동과 회복을 위한 쉼이 함께 있어야 하듯이 임도와 숲길 모두 우리에게 필요합니다.

《숲으로 가는 길, 임도의 과학적 근거》는 산림관리의 기반시설인 임도를 다룹니다. 이 책이 나오게 된 배경은 임도를 산림 훼손과 산불 확산, 산사태의 원인으로 지목하는 최근의 언론 보도와 무관하지 않습니다. 이 책은 임도의 필요성을 과학적 근거를 들어 설명합니다. 임도의 과거와 현재, 산림경영을 위한 임도, 자연환경을 고려한 임도, 산림재해를 방지하기 위한 임도, 미래의 임도를 다룹니다. 지금까지 중요하게 다루었던 산림경영 측면만이 아니라 야생동물에 미치는 영향을 최소화하고 산림재해를 예방하기 위해 임도를 개설하는 이유와 과학적 임도 설치 방법을 설명합니다. 나아가 임도가 목재 생산만이 아니라 사람과 숲을 연결하여 소멸 위기에 처한 산촌을 활성화하는 수단이 될 수 있다는 새로운 시각을 제시합니다.

이 책은 임업 선진국이자 환경 선진국인 독일, 오스트리아, 일본이 높은 임도밀도를 보유하고 많은 목재를 생산한다는 것을 잘 보여줍니다. 우리나라의 임도밀도는 헥타르당 4m이지만 독일은 54m, 오스트리아는 45m, 일본은 15.8m의 임도밀도를 가지고 있습니다. 산림의 총 나무부피(임목축적)에서 생산하는 목재의 비율로 비교하면 독일은 2.6%, 오스트리아는 2.0%, 일본은 0.9%이지만 우리나라는 0.5%입니다. 우리나라에서 산림이 가장 황폐하였던 1953년과 비교하면 지금은 헥타르당 나무부피가 30배나 증가하였음에도 국내 목재 소비량에서 국산 목재가 차지하는 비율은 15%에 불과합니다. 나머지 85%의 목재는 해외에서 수입하는데, 그 금액은 7조 원이 넘습니다.

지난 반세기가 산림을 조성하고 육성하던 시대였다면 이제는 목재를 이용하고 산림을 순환경영하는 시대로 전환해야 합니다. 그러기 위해서는 임도를 확대해야 합니다. 임업 선진국에서 목재를 지속가능하게 생산할 수 있는 요인 중 하나는 풍부한 임도밀도를 바탕으로 숲을 관리하고 목재 생산 비용을 줄일 수 있었기 때문입니다. 임도가 헥타르당 10m에서 20m로 증가하면 목재 수집 비용이 35~45%가 절감된다는 연구 결과가 이를 잘 보여줍니다. 해마다 산림 안의 나무부피가 증가함에도 우리나라의 목재 생산량이 정체되는 이유 역시 임도가 부족하여 목재의 생산 비용이 다른 임업 선진국에 비해 높기 때문입니다.

지금 우리의 논의 주제는 더 이상 '임도의 필요성'이 아닙니다. 임도를 개설하면서 발생하는 환경 피해를 최소화하면서, 산림경영과 산림재해에 도움이 되며, 지역경제를 활성화하는 튼튼한 임도를 어디에, 어떻게 설치하느냐를 고민해야 합니다. 이 책이 우리의 고민을 해결하는 든든한 나침반이 되기를 바랍니다.

산림의 가치를 활용하는 시대, 임도의 역할에 대한 과학적 근거

이상현 (전북대학교 산림환경과학과 교수, 한국산림과학회장)

우리 국토의 약 63%를 구성하는 산림은 육상생태계를 대표하는 중요한 자원이다. 우리나라의 산림은 특히 근현대사에서 상당히 황폐해졌으나, 지난 반세기 동안 전 국민의 참여와 집중적인 관심을 통해 성공적인 산림녹화를 이룰 수 있었다. 이러한 맥락에서, 산림에 대한 우리 국민들의 관심과 애정은 매우 특별한 의미를 지닌다고 할 수 있다.

지구온난화의 영향으로 2024년 8월은 역사상 가장 뜨거운 여름으로 기록될 가능성이 있다. 유엔 산하의 기후변화에 관한 정부간 협의체IPCC는 〈지구온난화 1.5℃ 특별 보고서〉에서 2030년까지 지구의 평균 온도 상승을 산업화 이전 수준 대비 1.5℃ 이하로 억제할 것을 권고한다. 그러나 기온 상승이 예상보다 조기에 도달할 가능성이 있다는 것을 인지해야 한다.

기후위기는 전 세계적으로 심각한 문제로 대두되고 있으며, 생태계와 인간 사회에 광범위한 영향을 미친다. 이러한 맥락에서 탄소중립의 필요성이 강조되고 있으며, 육상생태계에서 중요한 탄소흡수원 및 저장고로 기능하는 산림의 역할이 점차 중요해지고 있다. 산림은 대기 중 이산화탄소를 흡수하고 저장함으로써 기후 완화에 기여하고 다양한 생태계 서비스를 제공하는 중요한 자원이다. 따라서 산림의 기능은 지속가능 발전 목표SDGs 달성과 긴밀히 연결되어 있다.

최근 두드러진 산림벌채 및 산림바이오매스 이용과 관련된 갈등은 이해관계자들이 산림에 높은 관심과 애정을 가지고 있기 때문에 발생한 것으로 생각된다. 산림정책에 대한 논의는 다양한 이해관계자들의 의견을 균형있게 반영하면서 지속가능한 발전과 환경보호 간의 조화를 찾는 것이 중요하다. 이에 따라 과학적 근거를 기반으로 정책을 제시하고 실행하는 것이 필수이다. 이러한 접근법이 앞으로의 산림 관리에 있어 큰 역할을 할 것이다. 무엇보다 목재 자원을 활용하면 화석연료 의존도를 낮출 수 있고, 탄소순환 체계 내에서 에너지를 생산하는 방식으로 탄소중립 목표 달성에 기여할 수 있다. 이는 효과적인 기후변화 대응 방안 중 하나임이 분명하다. 따라서 우리나라의 풍부한 산림자원을 적절히 관리하고 이용하는 것은 지속가능한 환경 시스템을 구축하고, 지역 경제 및 산촌의 활성화를 도모하는 중요한 기초가 될 것이다.

㈔한국산림과학회는 왜곡된 정보에 기인한 산림 분야에 대한 부정적 시각을 개선하고, 올바른 정보를 제공하기 위해 《기후위기 대응 탄소중립 시대, 산림탄소경영의 과학적 근거》, 《산불 관리의 과학적 근거》를 출간한 데 이어 세 번째로 《숲으로 가는 길, 임도의 과학적 근거》를 기획하였다. 최근의 극단적인 기후 현상이 산림재난의 빈도와 강도를 증가시키면서 임도가 산림재난의 원인으로 지목되기도 하지만, 임도는 기후변화 대응 및 산림관리의 효율성을 높이는 데 중요한 역할을 한다. 임도의 부정적인 영향은 주로 개설 과정에서 발생한다. 이는 적절한 계획과 관리를 통해 최소화할 수 있다. 임도의 개설과 운영에서 발생할 수 있는 문제는 신중한 계획과 적절한 관리로 해결할 수 있으며, 극단 기후변화에 대응하기 위해서는 임도의 역할을 제대로 이해하는 것이 필수적이다.

이 책이 제시하는 임도에 관한 정보로 임도가 지닌 여러 문제를 완전히 해결할 수는 없다. 하지만 임도에 대한 기존의 오해를 해소하고 앞으로 해결해야 할 과제들을 논의하는 중요한 출발점을 제공할 것으로 판단된다. 임도는 단순히 산림경영을 위한 기반시설로 한정되지 않는다. 임업기계화로 인해 작업 효율성을 증가시키며, 궁극적으로 탄소배출을 줄이는 데 기여하여 탄소중립 목표 달성 및 산림의 지속가능성 확보를 위한 중요한 연결 고리가 될 수 있다. 따라서 이 책이 구조적으로 안정되고 친환경적인 임도 조성을 위한 길잡이 역할을 할 수 있길 기대한다.

임도를 따라가다 임업을 배웠습니다

최무열 (한국임업진흥원장)

임도에 관한 지식을 넓힐 목적으로 이 책을 접했다가 임업의 과거, 현재, 미래를 배웠습니다. 어쩌면 당연한 귀결일지도 모릅니다. 임도林道는 임업으로 가는 길이니까요.

이 책은 ㈔한국산림과학회에서 활동하는 산림공학 및 산림과학 전문가들이 전문 지식을 바탕으로 임도의 과거와 현재, 그리고 미래를 체계적으로 정리하여 독자들이 임도를 잘 이해할 수 있도록 돕습니다. 특히, 기후변화와 같은 현세대와 미래세대 공동의 문제에 대응하는 임도의 역할을 강조함으로써 임도의 미래 가치에 대한 비전을 제시합니다.

또한 임도의 역사적 발전 단계마다 발생한 의미 있는 사안들을 상세히 설명하며, 임도가 단순하게 산림에 접근하기 위한 '도로' 개념을 넘어 산림경영과 보전을 위한 중요한 공공 기반시설임을 강조합니다. 임도는 과거에는 주로 목재 수확과 산림경영을 위한 도로로 사용되었지만, 현재는 산불 예방, 생태 관광, 레크리에이션 등 다양한 기능을 수행하고 있습니다. 이러한 변화는 임도의 다기능성을 부각시키며, 산림경영 및 관리에 있어서 임도의 중요성을 재확인하게 합니다.

기후변화로 인해 산불 발생 위험이 증가하면서 임도의 중요성은 더욱 커졌습니다. 이 책은 임도가 산불 예방과 대응에 어떻게 기여하는지 구체적인 사례를 통해 설명합니다. 임도는 산불의 확산을 막고, 재해 발생 시 신속한 대응을 가능하게 합니다. 이는 기후변화 대응 전략의 일환으로서 임도의 가치를 재조명하게 합니다.

임도의 경제적 가치를 과학적 분석으로 설명하는 장에서 우리나라 임도 정책의 혜안을 읽었습니다. 저자들은 다양한 데이터와 연구 결과를 통해 임도의 경제적 효용성을 제시합니다. 특히 임도를 유형별로 분류하고 경제성을 분석한 연구 결과가 눈길을 끕니다. 휴양·테마형 임도의 비용-편익 비율이 1.596으로, 산림경영형이나 산불예방형 임도보다 경제적 타당성이 높다고 합니다. 임도를 다양한 목적으로 이용한다는 측면에서 볼 때 경제성은 더 높이 평가받을 수 있을 것이고 이러한 결과를 보다 적극적으로 홍보하면 임도에 대한 일각의 부정적 인식이 차츰 변화할 수 있지 않을까 생각해 봅니다.

임도가 지역 사회의 지속가능성과 산촌 활성화에 어떻게 기여할 수 있는지, 즉 임도의 사회적 가치를 다루는 부분도 흥미롭습니다. 이 책에서는 임도가 다양한 야외 활동과 산림레포츠 활동의 기반이 되어 국민 건강과 여가 생활에도 긍정적인 영향을 미친다고 강조합니다. 임도의 기능 중에서 우리가 간과하기 쉬운 부분까지도 꼼꼼히 짚어 주는 친절함도 갖추고 있습니다.

서두에서도 언급했듯이 《숲으로 가는 길, 임도의 과학적 근거》는 임도의 다양한 역할과 가치를 종합적으로 다룬 중요한 저서입니다. 산림 관리, 기후변화 대응, 사회적 문제 해결 등 다방면에서 임도의 중요성을 인식하게 합니다. 이 책은 임업인을 비롯한 산림경영자뿐만 아니라, 산림 정책을 입안하는 사람, 산림 분야를 연구하는 사람, 그리고 산림에 관심 있는 일반 독자들에게도 유익한 자료가 될 것입니다.

임도를 통해 산림과 임업에 대한 지식을 넓히고자 하는 모든 이들에게 이 책을 추천합니다.

차례

들어가는 글 12

1장. 임도의 과거와 현재

1. 도로와 임도 18
사람의 길 18
사람과 산림을 잇는 길 22
산림 접근성을 높이는 길 24

2. 임도의 역사 26
목재 운송 방법의 변화 26
우리나라의 임도 발전사 30
최근 연구 동향 36

2장. 산림과 임도

1. 산림경영 42
임도의 필요성 42
임도의 종류 45
임도의 기능 49
산림노망의 역할 50
임도밀도 53
임도시설 효과 60

2. 임업기계화 63
임업기계화 필요성 63
임업기계 현황 67
산림작업 안전 72
임업기계화와 임도의 관계 77

3. 탄소경영 81
탄소중립 81
산림바이오매스 86

3장. 자연 환경과 임도

1. 야생동물과 도로 94
도로가 야생동물에 미치는 영향 95
도로를 이용하는 야생동물 97
야생동물에 대한 부정적 영향을 완화하는 방법 101
임도시설의 친환경성 제고 105

2. 식생과 임도 111
임도 주변 비탈면의 형성 111
비탈면의 피복 112
종 다양성 115
귀화식물 116
식물생활형 117
수목의 생장 117

4장. 산림재난과 임도

1. 산불과 임도 124
국내 산불 발생 현황 124
임도의 산불 대응 효과 127
임도 주변의 산불 피해 강도 비교 130
산불진화임도 133
임도를 활용한 산불 대응 정책 136
국외 임도 활용 산불 대응 사례 137

2. 산사태와 임도 140
기후변화와 산림 140
국내 산사태 발생 경향 145
산사태 발생 원인 146
산사태의 종류 147
임도 주변 산사태 151
재해 대비책 154

3. 산림병해충과 임도 157
소나무재선충병 157
병해충 방제사업 현장에서 임도의 필요성 160

5장.
사회와 임도

1. 지역 소멸과 산촌 164
우리나라 장래 인구 추계 164
산촌과 임가 현황 168
임업 노동력 171

2. 지역 지속가능성 173
지속가능발전목표 173
산촌 지역 문제의 악순환 174
지역순환경제와 산촌 활성화 178
산림바이오매스를 이용한 자원순환경제 181

3. 산림휴양 183
임도의 휴양 가치 183
산림 휴양자원으로서 임도 환경 186
산림레포츠에 대한 국민 인식 189
테마임도 189
국내 임도 활용 사례 194
해외 임도 이용 사례 199

4. 임도에 대한 사회의 시각 207
언론을 통해 본 임도 207
임도 = 자연기반해법 212
ESG + 임도 216

6장.
미래의 임도

1. 임도의 가치 220
2. 임도의 과제 225
3. 임도의 미래 230

미주 232
참고 문헌 237
저자 소개 244

들어가는 글:

숲에는 길이 있다

임도는 사람과 숲을 이어주는 통로이다. 숲을 기반으로 여가 생활을 즐기는 한편, 탄소중립을 위한 지속가능한 산림경영이 필요한 우리에게 임도는 일상과 자연을 잇는 가교 역할을 한다. 그래서 임도는 중요하고, 또 필요하다.

우리나라 산림은 대부분 험준한 산악지에 위치하기 때문에 산림 보전과 이용 관리의 효용을 높이는 것은 산림 분야의 오랜 과제라고 할 수 있다. 그리고 이 과제의 양은 산업의 발전에 따른 생활환경과 기후환경의 변화로 인해 더욱 늘어가고 있다.

지구온난화로 인해 기후 여건은 가뭄과 홍수, 고온과 한파 등으로 점점 양극화되고 있으며 급변하는 환경 속에서 산림재해는 우리의 예측 범위를 넘어서 발생한다. 2022년 3월 발생한 울진-강릉 산불은 역대 최대 규모의 피해를 안겼다. 지난 60여 년간 잘 가꾸어온 울창한 숲이 단시간에 잿더미가 되었다. 이전까지 경험하지 못했던 대형 산림재해에 국민 모두가 우려를 하였고, 대처방안에 대한 여러 가지 과제도 남겨주었다.

수행해야 할 과제는 많은데, 한편에서는 자연환경에 대한 국민 의식 수준이 높아짐에 따라 임도와 같은 산림기반시설에 대한 인식은 점점 부정적으로 변하고 있다. 누군가는 나무를 베고 산림을 훼손하는 인공구조물로 받아들이기도 하고, 야생동식물의 서식지를 파괴하는 개발사업으로 여기기도 한다. 반면, 산림을 이용하여 경제활동을 하거나 여가를 즐기는 이들에게 임도는 숲으로 가기 위한 통로이자 가교 역할을 한다. 이처럼 임도에 대한 여론은 점차 양극화되고 있다. 최근 증가하고 있는 산림재해는 기후변화의 결과임에도 임도와 같은 산림기반시설 탓이라는 잘못된 정보가 무분별하게 확산되면서 오해와 갈등을 부르기도 한다.

정보통신이나 자동차 산업과 같은 제조업을 중심으로 성장해 온 우리나라에서 산림산업은 크게 관심을 받지 못하였다. 우리나라 국토의 약 63%가 산지로 구성되어 있음에도, 국산 목재의 생산량이 적고 경제에 미치는 영향 또한 적은 것이 가장 큰 이유일 것이다. 한편으로는 숲을 이용하고 활용하는 측면에서 국민적 공감대가 제대로 형성되지 못한 점도 영향을 미쳤을 것이다. 황폐한 산림을 녹화하는 것이 지난 60여 년간 가장 큰 목표였기 때문이다. 과거 나무를 심고 숲을 가꾸던 시기에는 작은 트럭이 운행할 정도의 규모가 작은 임도면 충분했다. 임도의 주요 목표가 농산촌 지역의 교통 증진, 임업 생산성 향상 등이었기 때문이다. 하지만 숲이 성장한 오늘날 우리 사회가 임도에 요구하는 것은 멀티태스킹multitasking 능력이다. 산림의 지속가능성을 비롯한 산림경영, 휴양과 치유, 재난 대응 등 다양한 목적을 충족할 수 있어야 하는 것은 물론 산촌의 정주 여건을 개선하고 지역재생 사업의 기반으로 활용하는 것도 기대하고 있다.

《숲으로 가는 길, 임도의 과학적 근거》는 제목 그대로 임도林道에 관한 책이다. 임도가 단순히 숲에 난 길이 아니라는 것을 다양한 관점에서 살피는 책이다. 우리 산림의 경영과 자원관리에 있어서 임도가 왜 필요한지, 그 효과는 무엇인지에 대해 그동안 임도를 대상으로 보고된 연구 결과를 바탕으로 임도에 대한 객관적인 지식을 제공하는 책이다. 이를 위해 ㈔한국산림과학회에서 활동하고 있는 산림공학 및 산림과학 분야 전문가들이 집필에 참여하였다.

이 책은 임도와 그 주변 환경을 6개의 장으로 나누어 살핀다. 1장에서는 임도의 정의와 기능, 국내 임도의 역사와 현황을 중심으로 임도를 소개했다. 2장에서는 산림경영과 임업 측면에서 임도의 종류와 시설 효과에 관해 설명했다. 산림의 지속가능성과 탄소경영이 강조되고 있는 시점에서 재생가능한 목재 자원의 가치와 임업 기계화를 실현하기 위하여 임도를 왜 산림관리 기반시설이라 일컫는지 설명했다. 3장에서는 자연환경과 임도의 관계에 대해 살펴보았다. 임도가 개설되면 산지 지형이 달라지므로 임도 개설이 야생 동물과 식물에 미치는 영향에 대해 다루었다. 현재까지 보고된 연구 결과를 바탕으로 포유류와 조류, 임도 주변의 식생에 미치는 영향을 살피는 한편 영향을 최소화하기 위한 임도 구조물의 개선방안에 대해 고찰했다. 4장에서는 산림환경과 임도의 관계에 대해 살펴보았다. 기후변화가 급속하게 진행되면서 산불, 산사태, 산림 병해충과 같은 산림재해가 빈번해지고 대형화되고 있다. 이러한 산림재해 예방과 대응에 있어서 임도의 기능과 시설 효과에 대해 살펴보았다. 5장에서는 사회와 임도라는 키워드를 이용하여 지역 사회와 임도의 관계를 다루었다. 최근 가속화되고 있는 인구 감소와 지방 소멸 문제 해결을 위해 농산촌의 기반시설로서 임도가 하나의 대안이 될 수 있는지를 검토하고 이용 방안을 제시했다. 마지막으로 6장에서는 임도의 문제와 과제, 앞으로 지속가능한 산림관리를 위해 임도가 나아가야 할 발전 방향에 대해 제안했다.

저자들은 이 책을 통해 임도의 역할과 가치를 산림산업 분야의 경계를 넘어 설명하고자 노력했다. 그래서 현재까지의 연구 자료를 비롯하여 산림과학을 넘어 사회적 이슈까지 다양한 면을 두루 살피고자 했다. 그러나 임도가 가지고 있는 이슈를 이 책에서 모두 다루는 것은 한계가 있었다. 결과적으로 이 책을 집필하는 과정은 저자들에게 앞으로 연구하고 밝혀내야 할 많은 과제가 있다는 사실을 인지하고 더 노력해야 한다는 동기부여가 되었다. 다만, 이 책이 독자들에게는 산림관리기반시설로서 임도의 역할과 기능을 제대로 알리고 임도 정책을 객관적으로 이해할 수 있도록 길잡이 역할을 할 수 있기를 기대한다.

마지막으로 이 책이 출판될 수 있도록 도와주신 관계자들께 깊이 감사드린다.

2024년 8월

권형근

1

임도의 과거와 현재

1. 도로와 임도

사람의 길

인간의 삶은 길과 함께 발전해 왔다. 길은 인류 문명이 시작되면서 만들어졌다. 길과 길이 만나며 교통이 발달한 공간은 자연스럽게 상품 거래, 정보 수집, 문화 교류의 중심지로 성장하였다. 먼 과거부터 현재까지 길과 도로는 도시의 크기와 형태, 주거 위치를 결정하는 데 많은 영향을 미친다. 그러므로 길은 사람과 사람, 서로 다른 공간을 잇는 중요한 문화유산이라 할 수 있다.

《우리말사전》은 '도로'를 사람이나 차량이 편하게 잘 다닐 수 있도록 만든 비교적 넓은 길이라 정의한다. 도로의 역사는 문명의 발달과 궤를 같이 한다. 최초의 도로는 기원전 2000년경 중앙아시아 유프라테스강 하안 바빌론의 포장도로라고 알려져 있다. 이 밖에도 중동아시아, 인도, 중국 등에서도 도로를 축조한 기록이 있으며, 로마 제국은 군사용 도로로 총연장 9만km의 로마로드Rome road를 건설하였다.

우리나라에서도 일찍이 도로가 발달하였다. 고려시대에는 개경을 중심으로, 조선시대에는 한양을 중심으로 역로驛路를 형성하고 함경도와 전라도, 평안도와 경상도를 잇는 X자 형태의 길을 간선도로, 즉 대로大路로 삼았다. 그리고 대로를 중심으로 주요 고을을 연결하는 지선도로가 만들어졌다. 조선시대에는 사람과 물자의 이동이 점차 증가하면서 여러 도로가 대로로 승격되었다. 한양을 시점으로 전국의 주요 지점을 연결하는 9대로 또는 10대로가 간선도로로 증설된 기록이 있다. 조선시대의 주요 간선도로망은 현재 우리가 이용하는 주요 도로망과 비슷하다. 다만, 교통수단이 발전한 지금의 우리는 산에 터널을 뚫고 교량을 건설하여 직선형의 도로를 개설하지만 옛길은 산지와 하천의 지형을 활용하여 산림을 훼손하지 않도록 도로를 개설하였다는 점에 차이가 있다.

우리나라의 경제 성장에 있어서도 빼놓을 수 없는 것이 도로망 확충이다. 도로망은 노동력, 산업 물자와 생산품을 빠르고 안전하게 수송하는 국가 기반시설로 발달함으로써 우리나라 전 국토를 일일 생활권으로 만들었다.

〈도로법〉에서는 도로를 차도, 보도, 자전거도로, 측도, 터널, 교량, 육교 등 대통령령에서 정하는 바에 따른다고 명시한다. 그러면서 도로의 종류와 등급을 고속국도, 일반국도, 특별시도, 지방도, 시도, 군도, 구도 등으로 구분한다. 이 밖에 다른 법률에 명시된 준용도로, 읍·면·이里도와 같은 농어촌도로 등이 도로법과 도로교통법의 적용을 받는다.

도로는 기능에 따라 주간선도로*, 보조간선도로**, 집산도로***,

표 1-1. 도로의 기능별 분류(국가법령정보센터)

구분	고속도로	일반국도	특별·광역시도	지방도	시도	군도	구도
주간선도로	○	○	○				
보조간선도로		○	○	○	○		
집산도로				○	○	○	○
국지도로						○	○

국지도로◆ 등으로 구분할 수 있다. 이 도로들은 개설 목적과 기능, 교통량에 따라 구분되며 체계적이고 유기적으로 연결되어 교통기반시설로서 역할과 기능을 확장해 나가고 있다.

2023년 기준 우리나라에서 개설되어 이용되고 있는 도로는 약 11만km이다. 이 중 시·군·구도가 가장 길고 고속국도의 총 길이가 가장 짧다. 하지만 1일 평균 교통량은 규격이 크고 설계 속도가 높은 고속국도가 가장 많고, 규격이 상대적으로 작은 지방도를 이용하는 교통량이 가장 적다.

교통수단이 고속화, 중량화되면서 급격하게 발전한 도로는 우리 사회의 핵심 기반시설로서 경제와 문화, 산업의 발달에 기여한 바가 크다. 하지만 현대에 이르러 도로망의 양적 확장에 따른 환경영향에 대한 책임도 점차 커지고 있다. 교통량 증가에 따른 도로 확충과 도로밀도 증가는 야생동물과 식물의 서식지 감소와 파편화 등과 같

• 시·군 내 주요 지역을 연결하거나, 시·군을 상호 연결하여 대량 통과 교통을 처리하는 도로. 도시의 골격을 만드는 역할을 한다.

•• 주간선도로를 집산도로 또는 주요 교통발생원과 연결하여 시·군 교통의 집산 기능을 하는 도로. 근린 주거 구역의 외곽을 형성한다.

••• 근린 주거 구역의 교통을 보조간선도로에 연결하여 근린 주거 구역 내 교통의 집산 기능을 하는 도로. 근린 주거 구역의 내부의 경계를 나누는 역할을 한다.

◆ 가구를 구획하는 도로.

은 환경문제를 야기하기 때문이다. 그럼에도 도로의 사회와 경제, 문화적 영향력에 대한 중요성은 누구나 공감할 것이다. 교통수단이 존재하는 한 도로가 중요한 기반시설이라는 점은 변하지 않을 것이기 때문이다. 따라서 도로 개설이 생태계에 미치는 영향을 최소화할 수 있도록 모두의 관심과 배려가 필요하다.

그림 1-1. 우리나라의 도로 현황(국가통계포털)

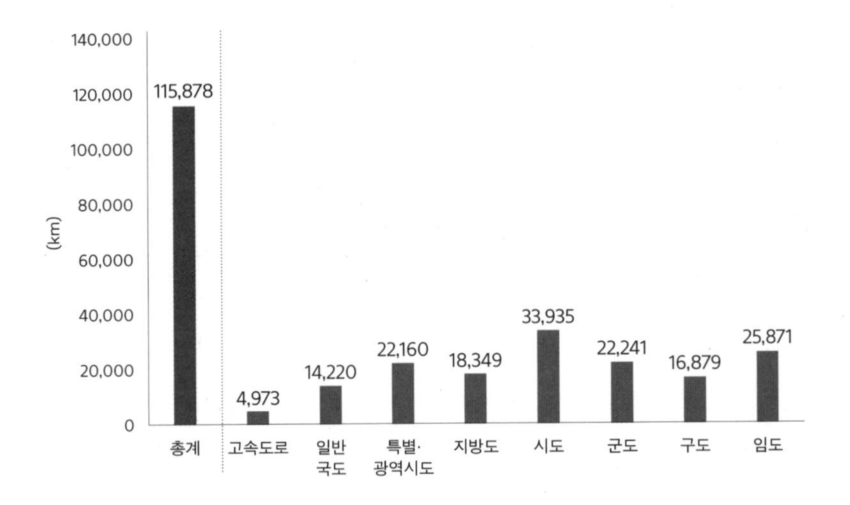

그림 1-2. 2022년 기준 국내 도로의 1일 평균 교통량(e-나라지표)

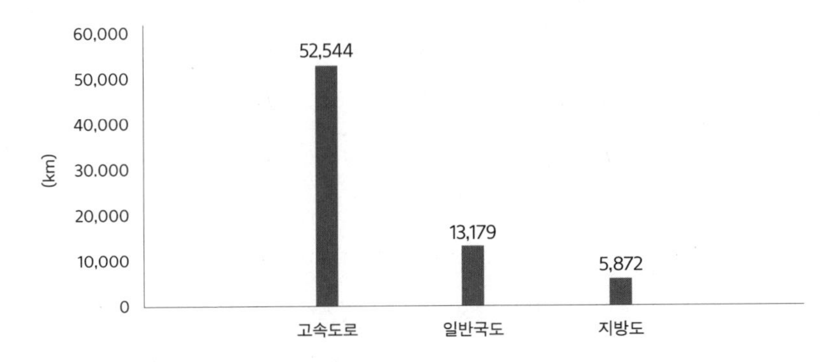

사람과 산림을 잇는 길

숲에도 다양한 길이 있다. 마을과 마을을 잇는 산길부터 임산물을 채취하고 숲을 가꾸기 위해 만들어진 임도까지 많은 종류의 길과 도로가 존재한다.

교통수단이 발달하지 않았던 시기의 옛 산길은 현재 우리가 사용하는 임도와 형태가 비슷하다. 구룡령옛길, 죽령옛길, 토끼비리, 문경새재, 충주 계룡령하늘길 등의 일부 구간이 아직 옛길의 모습을 간직한 채 남아 있다. 이러한 옛길은 돌과 흙, 나무와 같이 주변에서 쉽게 구할 수 있는 자연 재료를 이용하여 길과 도로를 만들었다는 것, 노선의 평면선형을 산지 지형에 순응하여 형성하였다는 것에서 현재의 임도나 작업로와 유사한 구조와 형태를 보인다.

임도는 산림의 생산 기반을 확립하고 공익 기능을 증진하기 위해서 산림소유자의 동의를 받아 설치한 산림관리기반시설이다. 즉, 산림경영과 자원 관리를 위해 개설된 임업용 도로이며 산림을 합리적으로 보전하고 효율적으로 이용하기 위해서 개설하는 산림관리용 도로이다. 나라마다 목적과 기능에 따라 임도를 구분하는 기준이 다른데, 우리나라는 표 1-2와 같이 4가지로 구분한다.

임도는 기능 측면에서 산림 내 도로 역할을 하고 있지만, 도로법상 도로의 지위를 가지고 있지는 않다. 산림 관계 법령에서는 임도를 산림 또는 숲의 일부로 규정한다. 즉, 임도는 기능상 도로의 역할을 하지만, 산지일시사용신고를 통해 개설 허가 및 승인을 얻은 공간이다. 따라서 산림경영과 자원관리라는 목적이 완료되면 언젠가는 다시 산림으로 복원될 공간이라 할 수 있다. 따라서, 임도는 산지 지

표 1-2. 우리나라 임도의 종류와 정의(〈산림자원 조성 및 관리에 관한 법률〉 시행규칙 제5조)

간선임도	지선임도
산림의 경영관리 및 보호상 중추적인 역할을 하는 임도로서 도로와 도로를 연결하는 임도	일정 구역의 산림경영 및 산림보호를 목적으로 간선임도 또는 도로에서 연결하여 설치하는 임도
작업임도	**산불진화임도**
일정 구역의 산림시업 시행을 위하여 간선임도 또는 지선임도에서 연결하여 설치하는 임도	대형산불의 발생 위험이 있는 지역을 대상으로 산불 예방 및 즉각적인 대응이 가능하도록 설치하는 임도

표 1-3. 소유 및 관리에 따른 임도 구분

국가임도	지방임도	민간임도
산림청장이 국유림에 설치하는 임도	지방자치단체의 장이 공유림과 사유림에 설치하는 임도	산림소유자 또는 산림을 경영하는 자 (국유림에 분수림•을 설정한 자 포함)가 자기 부담으로 설치하는 임도

• 분수림(proceeds-sharing forest): 산림의 토지소유자, 조림을 하는 자 혹은 보육관리를 하는 자, 산림의 조성에 필요한 경비를 부담하는 자 등 3명 혹은 2명이 공동으로 산림조성을 하는 계약을 체결하고 그 계약의 대상이 되는 산림을 말한다. 분수림에는 식재 시점에서 계약이 이루어지는 분수조림과, 생육도상인 산림을 대상으로 계약이 이루어지는 분수육림이 있다.

형과 자연스럽게 어우러지고 인공 재료를 최소화하여 조성된 가장 친환경적인 특수목적도로이다.

임도는 개설 목적이나 기능 측면으로 구분하는 것 외에도 임도가 설치된 산림의 소유에 따라서 구분하기도 한다. 이런 경우 국유림에 설치된 국가임도, 지방자치단체의 공유림에 설치된 지방임도, 사유림에 설치된 민간임도로 구분할 수 있다(표 1-3).

산림 접근성을 높이는 길

대도시 부동산시장에서 '역세권'이라는 용어가 자주 사용되는 이유는 지하철이 부동산 가치에 미치는 영향이 매우 크기 때문일 것이다. 지하철이 도시의 주요 지역까지 접근성을 높여 교통과 사회 여건을 변화시키는 동력을 가지고 있기 때문이다.

지하철과 같은 교통 기반시설은 지역의 교통 수준을 개선하고 중심지로의 접근성을 높인다. 교통망이 잘 갖춰져 있다면 중심지를 벗어나 인근 영향권에 거주하는 편익이 더 클 수도 있다. 그런 경우 인구 분산 효과를 가져올 수도 있다. 교통망이 확장되면 인근 영향권은 부도심 또는 배후 지역으로 변화할 수 있고, 해당 지역의 토지와 공간의 가치는 높아질 것이다.

임도 역시 마찬가지이다. 임도의 가장 중요한 기능은 산림의 접근성 향상이다. 임도는 산림공간에서 원하는 임지•까지 갈 수 있게

• 나무가 많이 자라는 땅, 또는 임업(林業)의 대상이 되는 땅.

해준다. 우리나라의 산림은 대부분 지형이 험준한 산악지에 위치하고 있기 때문에 임지까지 접근성이 매우 떨어진다. 이러한 산악지는 경제적 측면에서는 공간의 이용가치가 매우 떨어지는 편이지만, 산림경영 측면에서는 임업 활동을 영위하기 위한 좋은 공간이라 할 수 있다. 따라서 임도를 이용하면 산림공간을 효율적으로 활용할 수 있고 환경적 또는 사회적 효용이 증가하는 효과를 가져올 수 있다.

또한 임도는 재난 상황에서 대피공간이자 교통로 역할도 할 수 있다. 2011년 동일본 대지진 발생 당시 쓰나미의 영향으로 심각한 피해가 발생한 후쿠시마, 이와테, 미야기현 등의 주민들은 산악지에 개설된 임도를 통해 고지대로 피난할 수 있었다. 도심의 도로가 침수되어 제 기능을 상실한 지역에서는 임도가 다른 마을로 이동할 수 있는 교통로 역할을 하였다.

2. 임도의 역사

목재 운송 방법의 변화

임도는 17세기 후반 프랑스 군軍의 군사 계획을 통해 본격적으로 발전하기 시작했다. 이 시기 프랑스 군대는 튼튼한 군사 요충지 건설과 강력한 함선 제조를 통해 군사적 야망을 이루고자 하였다. 이를 위해서는 대량의 목재 자원이 필요하였으나, 접근하기 쉬운 도시 근교의 숲은 이미 황폐화되었고 목재 자원으로서 가치도 낮았다. 따라서 도시에서 멀리 떨어진 산림지대의 나무를 수확할 수밖에 없었다. 먼 거리의 대형 목재 자원을 수확하고 운송하려면 이전보다 개선된 목재 운송 시스템이 필요했다. 산림에서 수확한 목재를 효율적으로 운송할 수 있는 견고하고 안정된 산림도로 즉, 임도가 필요하게 된 것이다. 이때까지도 산악지에서 도로를 개설할 때 필요한 공학적 지식이 존재하지 않았기 때문에 도로는 안정적이지 못하였고, 수확한 목재 자원의 운송 효율도 매우 떨어질 수밖에 없었다.

근현대 이전의 장거리 목재 운송은 주로 강이나 운하를 이용하는 수상 운송을 중심으로 이루어졌다. 육상 운송 수단은 마차나 수레를 이용하였기 때문에 주로 숯과 장작을 만들기 위한 중소형 목재를 가까운 마을이나 도시까지 운반하는 수준에서 행하여졌다.

18세기까지는 운송 수단과 도로망이 발전하지 못해서 대부분 목재 자원 운송은 지역 주민이나 군사를 동원하여 일시적으로 만든 작업로를 통해 이루어졌다. 이러한 작업로는 불안정하여 부피가 크고 무거운 대형 목재 자원을 운반하는데 한계가 있었다. 19세기 초까지도 목재 운송 작업은 인력이나 축력을 이용한 생물학적 에너지에 의존하였다. 그림 1-3은 목재를 수확하고 집재하는 데 가축을 이용하는 모습을 보여준다. 가축이 목재를 싣고 이동할 수 있도록 작업로의 기울기를 완만하게 제한하는 수준에서 임도망 배치하였다.

철도망과 자동차가 등장하면서 목재를 육상에서 운송하는 시스템이 급격하게 성장하였다(그림 1-4). 19세기 중반, 장거리 철도와 내연기관 차량이 등장하고 임업경영학과 토목공학 등 임도와 관련된 학문의 발전은 목재 운송의 효율성을 높이는 계기가 된 것이다. 20세기에 들어서는 임도 개설에 많은 시간과 비용이 소요되고 목재 수요량이 점차 증가함에 따라서 적정 수준의 임도 개설량을 탐색하기 위해 경제성을 고려한 임도 배치 간격 이론, 적정 임도밀도 이론들이 다수 발표되었고, 임지의 환경을 고려한 임도 시공 기술도 점점 발전하게 되었다. 덕분에 현재는 대형 트럭을 이용해 대량의 목재를 안정적으로 운송할 수 있다.

그럼에도 현재까지도 많은 국가에서 목재 수확과 산림 내 운반은 어려운 산림작업으로 여겨진다. 목재의 생산 비용 중에서 운송이나 운반 작업에 소요되는 비용이 여전히 많은 부분을 차지하고 있는 것이 그 증거라고 할 수 있다. 목재 운송 비용이 높은 이유는 목재가 생산되는 임지의 대부분이 접근성이 떨어지고 지형 변화가 많은 산

그림 1-3. 20세기 이전, 가축을 이용한 목재 수확(집재) 작업(North Cascade Visitor Center)

악지에 위치하고 있기 때문이다. 따라서 임도의 학문적 목표는 보다 더 효율적인 임도 노선 배치와 임도의 경제적 유지 관리, 산림생태계에 대한 환경영향을 최소화하기 위한 끊임없는 고민이 되어야 한다.

그림 1-4. 20세기 초 미국 서부의 철도(상; North Cascade Visitor Center)와 대형 트럭(하)을 이용한 목재 운송

우리나라의 임도 발전사

1960년대: 국유임도 사업 시작

1965년 임업시험장 중부지장(현 국립산림과학원 산림기술경영연구소) 광릉시험림에 6.74km의 임도가 처음 개설되었다. 이후, 우리나라의 임도는 산림경영 및 관리 정책 변화에 발맞추어 지속적으로 발전되어 왔다.

1968년에는 국유임도 사업이 시작되었다. 원주영림서 관할 강원도 홍천군 북방면 도사곡리에 9km, 인제군 기린면 상남리에 4km, 안동영림서 관할 전북 무주군 설천면 삼곡리에 2km 등 총 15km의 국유임도가 개설된 것이다. 이 시기에는 조림을 위해 벌채를 할 수 있었지만 집단적이고 계획적인 목재 수확은 이루어지지 않았다. 더욱이 '제1차 치산녹화계획'으로 산림정책의 주요 관심이 산림조성을 위한 조림정책에 집중되면서 임도는 크게 주목받지 못하였다. 반드시 임도가 필요한 지역에서는 이미 설치된 작업로를 보수하여 일시적으로 사용하였고, 전방 지역에서는 군사용 도로로 활용하는데 그쳤다. 이 시기에 설치된 임도 연장은 221.55km로 국유림을 대상으로 개설되었다.

1980년대: 임도 정비의 근거 마련

1980년대 초반에는 수해 피해 구간 복구에 중점을 둔 관계로 임도 개설 사업이 시행되지 않았다. 하지만 1984년부터 '임도시설기본계획'이 수립되어 임도 정비의 근거가 마련되었다. 특히 '한독 임업기술 협력사업'의 일환으로 선진임업 기술이 도입되면서 우리나라의 임

그림 1-5. 광릉시험림(경기 포천) 내 시설된 임도

그림 1-6. 1970년대 우리나라의 임도 시공 모습(국립산림과학원)

그림 1-7. 1980년대 우리나라의 임도 시공 모습(국립산림과학원)

그림 1-8. 1990년대 우리나라의 임도 시공 모습(국립산림과학원)

도 계획 및 설계, 시공 기술이 발전하는 계기가 되었다. 이 시기에는 '산지자원화계획'(1988~1998년)이라는 정책하에 합리적인 산림경영의 필요성을 인식하여 산림의 자원증식과 이용을 위하여 임도의 필요성이 크게 부각되었다.

1990년대: 임도 행정의 전환기

1993년에는 치산사업소가 각 도의 산림환경연구소 내 사방사업과로 전환되어 임도 업무를 관장하게 되었다. 산림청은 '임도 측량 및 설계 지침'을 작성하여 임도의 특수성에 적합한 설계와 시공을 할 수 있도록 행정지도 체계를 확립하였다. 또한 〈산림법〉에 임도관련 조항이 개정 및 신설되어 임도 조성사업을 산림토목기술자가 관장할 수 있게 하였으며, 임도 사업의 전문성을 강조하여 책임있는 임도를 시설할 수 있도록 법률을 명문화시켰다. 이 시기에 시설된 총임도연장은 10,478km이다. 이중 국유임도(현 국가임도)는 3,038km, 민유임도(현 지방임도 및 민간임도)는 7,440km로 민유임도 개설이 많이 증가하였다. 즉, 임업의 기반시설로 임도의 필요성이 부각되어 대대적으로 임도가 시설된 시기라 할 수 있다.

2000년대: 임도의 질 향상

그동안의 임도 정책이 양적 확대에 치중된 성장을 해왔다면 1999년부터는 임도의 질적 향상을 목표로 이미 개설된 임도 재정비를 실시하였다. 1960년대 이후, 실시한 조림목이 점차 성장하면서 숲가꾸기 작업이 활성화되고 숲이 성숙한만큼 고성능의 대형임업기계 수요가 증가하였다. 한편 집중호우와 초강력 태풍으로 인해 임도 피해도 증가했다. 따라서 '환경친화적 녹색임도' 정책을 수립하고 임도 구조 개량사업 추진, 임도 타당성평가와 감리제도 등을 도입해 임도의 설계·시설 기준을 강화했다.

2010년대: 기후변화시대에 맞는 역할 부여

2010년 이후 지구온난화와 기후변화 대응, 산림탄소경영을 통한 탄소중립 목표를 실현하기 위해 임도의 중요성은 한층 부각되고 있다. 쇠퇴하는 노령림 대체, 국산 목재 이용과 탄소 흡수량 증진에 필요한 기반시설로서 임도의 역할과 기능이 대두되었다. 뿐만 아니라, 대형 산불이 점차 빈번하게 발생하면서 산불 대응에 대한 국가 역량 강화가 중요해졌다. 이에 따라 그간 집중한 임도의 산림경영 기능과 더불어 산불 진화를 위한 재해 대응에 대한 역할이 강조되었다. 2019년에는 임도 설치 및 관리 등에 관한 규정을 일부 개정하여 잠재적 대형산불 발생 위험이 있는 산림이나 보전 가치가 높은 산림에는 산불 예방과 진화를 위한 산불진화임도 설치 기준을 마련하였다. 이 기준은 2020년부터 본격 도입하였다.

그림 1-9. 2010년대 우리나라의 임도 시공 모습(국립산림과학원)

그림 1-10. 우리나라의 임도시설 현황(국립산림과학원)

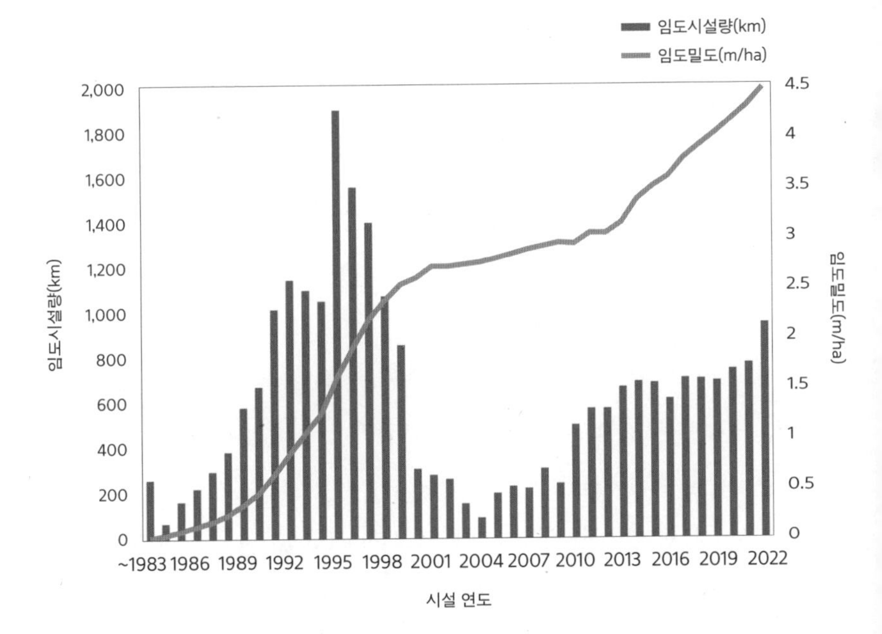

최근 연구 동향

임도에 대한 연구는 산림과학의 다른 학문 분야와 비교하여 활발하지 않다. 1991년 이후 수행된 연구 논문을 중심으로 최근 30여 년의 연구 동향을 주제 단어 적정 점수relevance score와 동시 출현 단어 분석을 통해 살펴보면, 5가지의 연구 영역으로 나눌 수 있다.

영역 1은 도로 네트워크road network, 운송 시스템, 지형 및 GIS 등 공간 측면으로 나타났다. 특히, GIS를 기반으로 한 산림경영 또는 관리 분야에서 일반적으로 사용되는 단어가 높은 빈도로 출현하였다.

영역 2는 종다양성, 식생, 서식지 등 임도시설 주변의 생물다양성과 자연환경 등을 대상으로 한다. 이 영역에서는 임도 주변의 임연부 또는 도로 주연부 등의 단어의 출현 빈도가 높았다.

영역 3에서는 침식, 강우, 노면 유출수, 배수 등 강우에 의한 임도의 수리 및 수문에 관계된 부분으로 나타났다. 이 영역에서는 토사침식, 계류, 수질, 유역 등의 단어가 두드러졌다.

영역 4는 비포장도로, 노면 침식, 땅깎기 비탈면, 흙쌓기 비탈면 등의 주제어를 중심으로 한 임도 개설에 따른 시설 유지관리 측면의 영역으로 나타났다.

마지막으로 영역 5에서는 목재수확, 집재로, 택벌림, 수종, 수고 등의 주제어를 기반으로 목재수확과 같은 산림작업과 산림식생의 관계에 관한 주제를 확인할 수 있었다.

시각화된 연구 주제어의 네트워크 지도(그림 1-11)는 전체 5개의 연구 영역 중 '임도의 환경영향에 대한 연구 분야(영역 2)'를 중심

그림 1-11. 연구영역 시각화 네트워크

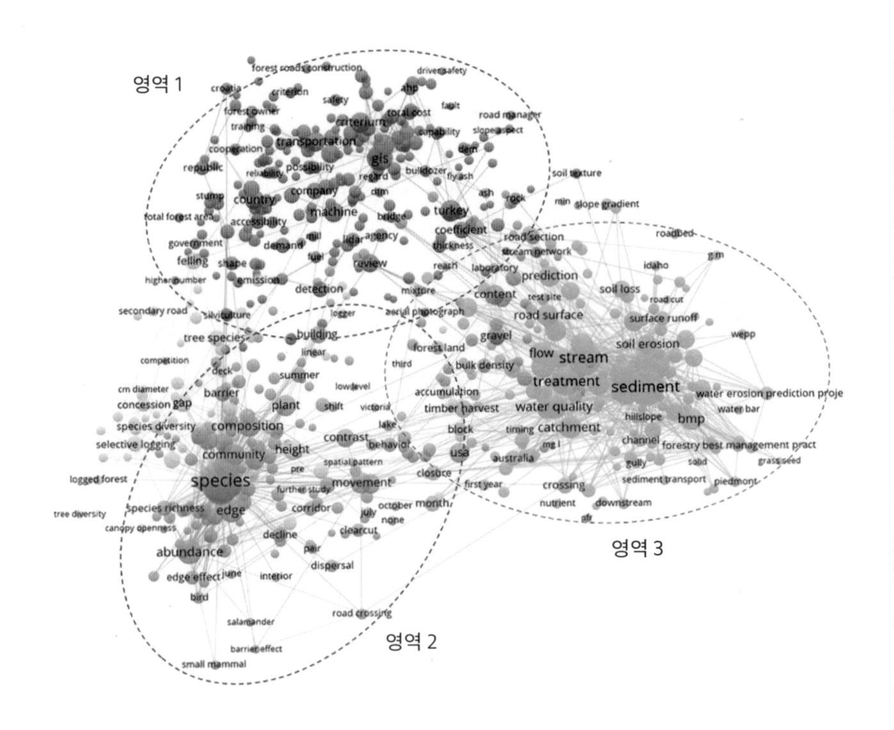

으로 '도로 네트워크, 산림경영, GIS 등의 주제를 다루는 연구 분야(영역 1)'와 '임도의 유량과 유지관리 및 배수로에 대한 분야(영역 3)'에 관한 연구가 이루어지고 있는 형상으로 나타났다.

특히 두 번째 영역에서는 임도시설 주변의 야생동물 서식지나 환경을 고려한 임도 설계 및 시공에 대해 다루고 있는 연구 논문도 다수 발표된 것으로 나타났다. 다섯 번째 영역의 경우는 다른 연구 영역에 비해 단어 출현 빈도가 빈약하여 서로 간의 상호연관성을 파악하기 어려운 한계가 있다.

각 연구 영역에 따른 시기별 점유율 변화를 살펴보면, 영역 3은 전반기에 가장 큰 점유율을 나타냈지만, 지속적으로 감소하여 후반기에는 13%p 감소한 것으로 나타났다(35%→33%→22%). 영역 4는 2%p 범위 내에서 증감 패턴을 보였으며 전반기와 후반기의 점유율(25%→27%→25%) 변화가 크지 않았다.

영역 1은 2000년대까지 10%의 점유율을 보였지만, 2010년 이후 지형 공간을 분석할 수 있는 데이터가 확대되고 분석 기술이 발전함에 따라 점유율이 점차 증가하는 추세이다. 공간 데이터를 확보하고 분석하는 첨단기술은 지금도 매우 빠르게 발전하고 있다. 이러한 기술 발전에 힘입어 환경영향을 최소화하면서 효율적으로 임도망을 배치할 수 있는 연구도 점차 증가할 것으로 예상된다.

결과적으로 각 연구 영역에 해당하는 연구 논문의 점유율은 시간이 흐름에 따라 증가와 감소를 반복하는 형태를 보이고 있다. 이러한 현상이 나타나는 것은 산림경영의 패러다임이 임업 측면에서 생태환경적 측면으로 점차 변화함에 따라 임도 개설에 따른 환경영향에 대한 관심이 증가하기 때문이다. 2000년 이후에는 모든 연구 영역에 걸쳐 연구 논문이 고르게 분산되고 포함되는 것을 볼 때, 현재 직면한 여러 문제를 해결해 나가기 위해서는 연구 영역 간의 상호 관계에 기반한 융복합 연구가 필요하다는 것을 알 수 있다.

그림 1-12. 최근 30년간 임도 관련 연구 영역 비율

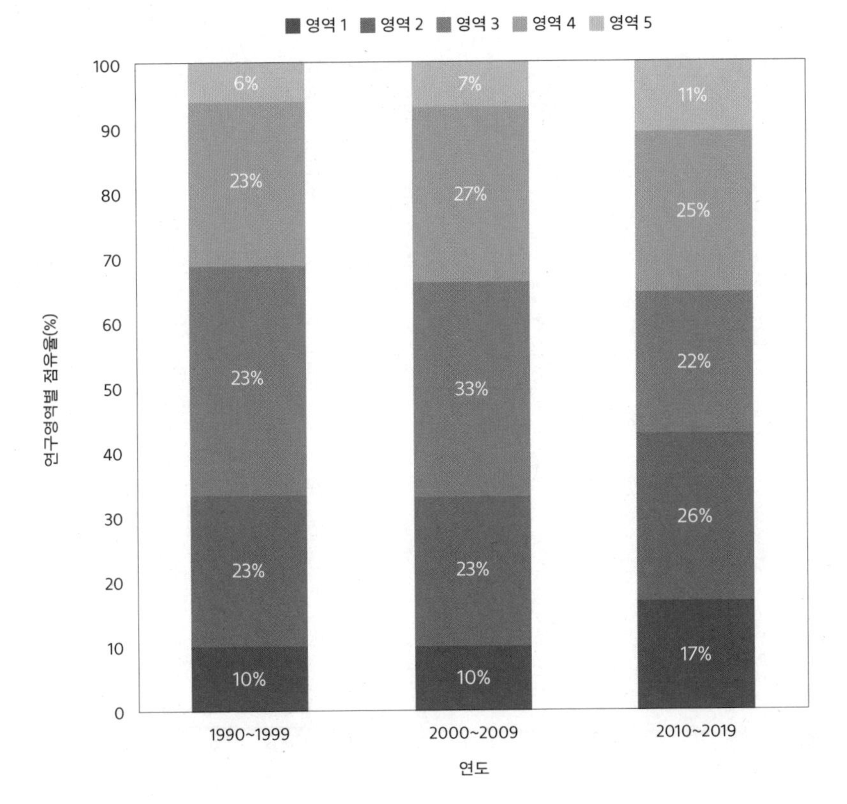

2

산림과 임도

1. 산림경영

임도의 필요성

임도는 숲과 인간 삶의 만족도를 확대하고 자연 환경을 다목적으로 활용하여 산림의 공익적 가치를 증진시키며, 여러 분야에서 부가적인 효과를 가져오는 국가기반시설이다. 임도는 산림이 지닌 다양한 기능을 발휘할 수 있도록 산림자원을 가치 있게 가꾸고 이용할 수 있게 하며, 임산물(목재, 수목, 낙엽, 토석 등 산림에서 생산되는 모든 산물)이 국민경제에 기여할 수 있도록 생산지와 일반 교통망을 연결한다. 또한 지역의 교통을 개선하고 산업을 진흥시키며 주민의 복지 향상에 기여하는 등 다목적으로 활용된다.

산림 접근성 향상

임도는 산림을 효율적으로 경영·관리하기 위한 접근로 역할을 한다. 산에 심은 나무를 제대로 가꾸어 좋은 목재를 생산하려면 비료도 주고, 가지도 자르고, 나무가 커가면서 적정한 생육공간을 갖도록 주변의 나무를 솎아야 한다. 이러한 작업은 대부분 깊은 산속으로 인력과 장비를 투입해 이루어진다. 그래서 생산된 임산물을 원하는 장소까지 가지고 나오기 위해서는 임도가 필요하다.
최근 사회적 이슈가 되고 있는 농·산촌 인구 감소와 고령화로 인한 임업 노동력의 확보가 어려운 상황을 해결하려면 임업기계화가 실현되어야 하며, 이를 위해서는 기반 시설인 임도를 확충하는 것이 필요하다.

신속한 산림재해 대응

임도는 산림재해에 신속하게 대응하고 예방하기 위해 활용할 수 있다. 우리나라는 봄철이면 건조하고 강한 바람이 부는 등 계절적 영향으로 산불이 많이 발생하고 있다. 진화가 지연될 경우 대형산불로 확대되어 많은 인적, 물적 피해를 야기한다. 임도는 산불 발생 초기, 발화 지점에 진화 인력과 차량을 신속하게 접근시켜 대형산불로 확대되기 전에 초동 및 야간 진화를 가능하게 한다. 또한 임도시설이 자체적으로 방화선 역할을 하여 산불의 확산과 저지, 초기 대응 시간을 확보할 수 있도록 도움을 준다. 임도를 통해 산불 발생 감시 등의 예방 활동도 실시할 수 있다.

산촌 교통 개선

임도는 산촌 지역의 교통로 역할과 단기 소득 증대에 기여한다. 산촌 지역은 마을에서 도로까지 장시간 이동해야 하는 격오지가 많아 원활한 경제 활동이 어렵다. 임도는 이러한 산촌의 주요 교통로로서,

산촌민의 생활 여건을 개선하고 임도를 활용해 단기 소득원을 개발하는 등 지역경제 활성화에 기여한다.

산림 여가 문화 선도

임도는 산림경영 이외에도 휴양·문화·레포츠 등 다목적으로 활용하여 산림에 대한 국민의 다양한 욕구를 충족시킬 수 있다. 경관이 수려하고 문화적 가치가 있는 산림 내의 임도는 산림휴양, 산림탐방 등 여가 활동 장소로 활용된다. 산악마라톤, 산악자전거, 산악스키 등 산악레포츠의 장으로도 활용되어 국민 정서 함양 및 건강에 기여한다.

산림 생산체계 구축

임업 선진국이라고 할 수 있는 독일은 19세기부터 시작된 산림보속원칙에서 도로에 의한 산림기반정비의 방향을 무엇보다 우선시하였다. 보속원칙은 산림에서 수확을 해마다 균등하게, 그리고 영구히 계속되도록 경영한다는 원칙으로, 오늘날의 지속가능한 산림경영 개념과 같은 맥락으로 볼 수 있다. 독일에서는 이미 19세기부터 '산림에서 합리적이며, 영속적인 도로 개설은 산림자원을 최대 수확하는 기초가 된다', '산림 내부 지역은 양호한 도로에 의해 점점 개발되며, 이를 위해서는 산림관리에 보다 많은 노력이 요구된다. 임도를 산악지역에도 개설하여 보다 멀리, 불가능하다고 생각되는 지역까지 확장하여야 한다' 라며 임업에 있어서 임도의 중요성에 대해 강조하였다. 실제로도 중량물인 목재의 운반을 위해 지속적으로 임도를 확충했다. 2차대전 이후에는 일반적인 경제 호황과 기계화 건설이 도입되면서 임도 건설이 개선되었다. 덕분에 중부 유럽에서는 오늘날과 같이 밀도가 높고 좋은 규격을 갖춘 임도망이 형성될 수 있었다.

우리나라 법률에 명시된 임도의 정의는 다음과 같다.

산림의 경영 및 관리를 위하여 설치한 도로 〈산림자원의 조성 및 관리에 관한 법률 제9조〉

전 국토의 60% 이상이 산림인 우리나라는 대표적인 산림국가로서 70년대부터 꾸준하게 치산녹화에 힘써 산림자원량이 지속적으로 증가하였다. 이제는 산림자원을 질적으로 고도화해 지속적이고 안정적인 임업 생산체계를 구축해야 한다. 이와 동시에 건강하고 쾌적한 산림환경을 조성해 공익 기능을 증진시켜 산림이 보건·문화·교육적 활동의 장이 될 수 있도록 입지 조건 및 지역 실정 등을 바탕으로 산림 공간을 정비할 때이다. 이를 실현하기 위해서는 기반시설인 임도를 지속적으로 확충해야 한다.

임도의 종류

규정에 의하여

〈산림자원의 조성 및 관리에 관한 법률〉, 〈임도 설치 및 관리 등에 관한 규정〉에 의하면 법률 상의 임도는 크게 4가지로 구분할 수 있다.

그림 2-1. 임도의 종류

간선임도

지선임도

작업임도

① 간선임도

산림에 쉽게 접근하게 하여 산림시업을 원활하게 실시하기 위한 기반시설. 산촌과 도시의 공생을 도모하기 위한 접근·연결도로로 이용된다. 도로와 도로를 연결하는 노선으로 산림정비의 골격이 된다.

② 지선임도

간선임도를 보완하고 작업임도와 조합하여 주벌主伐, 간벌間伐 등 산림시업에 이용되는 도로. 보통자동차(12톤 규모 트럭)와 대형 목재 수송 기계의 제원을 고려한 구조와 규격을 가진다. 지형과 지질 등 현지 상황을 고려하여 최소한의 표준 구조를 가지면서, 필요한 수송 능력이 확보된 규격의 도로이다.

③ 작업임도

산림시업 및 관리에 가장 많이 사용되는 도로. 2.5톤 규모의 트럭이나 임업 기계(포워더 등)의 주행이 가능한 규격을 가진다. '저렴하고, 훼손이 적으며, 내구성 있는 도로'로 시설해야 한다. 또한 작업임도는 임시시설이 아니라, 유지관리를 통하여 장기적으로 사용하는 도로이다. 산림시업 및 관리에 직결되는 도로이며, 중·장기적으로 지속적 산림경영의 기초가 된다.

④ 산불진화임도

2020년부터 도입된 임도로 대형산불 위험이 있는 산림 내 산불 대응에 특화된 기준을 적용하여 설치하는 임도이다.

이용집약도에 따라

산림 내에서 얼마나 많이 활용되느냐에 따라 영구적으로 시설하는

그림 2-2. 임도의 구분

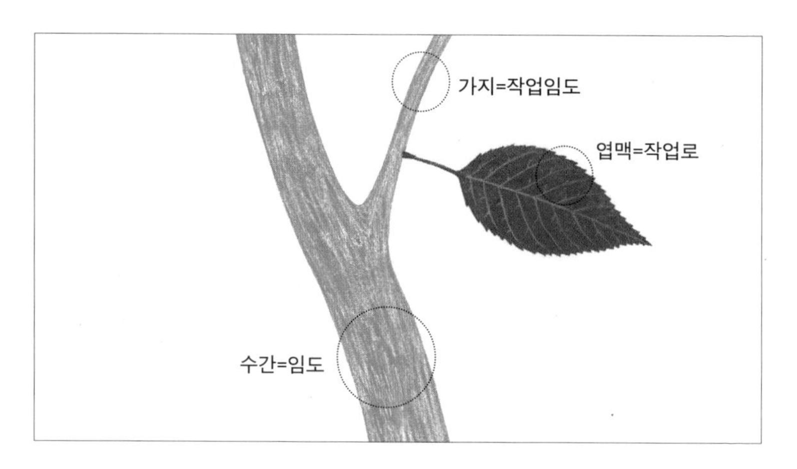

주임도main forest road와 부임도secondary forest road, subsidiary forest road, 일시적으로 시설하여 활용한 후 복구하게 되는 작업도skidding road, strip road와 집재로skidding trail, haul road로 구분한다. 주임도는 집재장 또는 부임도에서 공도公道까지 연결되는 임도이며, 부임도는 집재장 또는 작업도로부터 주임도 또는 공도까지 연결되는 임도이다.

산림작업을 위해 일시적으로 시설되는 작업도는 임지에서 집재장, 부임도 또는 주임도까지 연결되는 길이다. 집재로는 임지에서부터 집재장 또는 작업도까지 연결되는 일시적인 길이다. 작업도와 집재로는 길을 만드는 과정에서 나무만 제거하고 대규모의 토공사는 하지 않는다.

기능에 따라

기능에 따라서는 작업지까지의 접근, 유역•간 연결, 농어촌도로망과 연계되어 지역경제 활동에 기여하는 등 공익 목적에 비중을 더 두고

시설되는 연결임도도달임도, access forest road와 조림, 육림, 수확 및 보호 관리 등 임업경영을 목적으로 시설되는 시업임도경영임도, management forest road로 구분할 수 있다.

임도의 기능

임도는 크게 이동, 접근, 공간의 3가지 기능으로 구분할 수 있다.

① 이동 기능
교통의 흐름을 신속하고 원활하게 처리하는 기능. 산림 내 또는 주변 임지에서 생산된 물류를 신속하게 유통시키는 것은 물론 사람들의 왕래와 여가활동을 위하여 신속성, 안정성, 편리성을 도모하는 것으로 간선임도, 연결임도가 여기에 해당된다.

② 접근 기능
산림자원 이용을 활성화시키는 기능. 산림 내 구석구석까지 접근하여 산림 작업이나 생산 활동에 직접 이용되는 것으로 지선임도, 경영임도가 이에 해당된다.

③ 공간 기능
제한된 공간을 갖는 집약적인 임업에서 집재, 집적, 주차 등의 수집된 산물의 처리 장소로 사용되거나 휴양림 등에서 체험 공간 등의 여가문화 공간으로 사용된다.

• 산림 유역이란 산림지역에 비나 눈 형태로 도달하는 강수가 산지 계류 내 임의 지점 또는 구간으로 흘러가는 모든 공간적인 범위를 의미한다.

그림 2-3. 임도의 기능과 이용 특성(국립산림과학원)

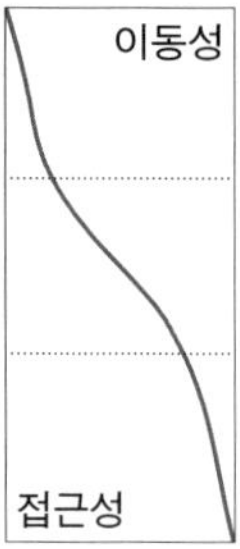

임도 기능	해당 임도	임도 이용 특성				
		통행량	통행 길이	속도	통행 수단	통행 목적
이동성	**간선임도**	많다	길다	빠르다	자동차 (2륜구동)	통행적
	지선임도	↕	↕	↕	↕	↕
접근성	**작업임도**	적다	짧다	늦다	4륜구동트럭 트랙터	작업적

도로의 구조와 규격에 따라 이동성과 접근성은 상반되게 나타난다. 따라서 간선임도와 같이 이동과 연결 기능이 중요한 경우에는 접근 기능을 담당하는 작업임도에 비해 임도 연장이 길고 통행량이 많으며, 임도의 구조와 규격을 상대적으로 양호하게 하여야 기능에 알맞은 교통의 흐름을 형성하게 될 것이다.

산림노망의 역할

산림노망임도망, forest road network은 산림을 합리적으로 관리 및 경영하기 위하여 임도부터 작업로까지 각각의 길이 연계되도록 그물 같은 형태로 배치된 산림 내 도로망을 말한다. 간선임도, 지선임도, 작업임도, 산불진화임도로 구분된 임내 도로들이 연계되어 배치된 상태를 총칭하여 산림노망이라고 한다. 고속도로와 국도, 지방도가 동맥과 정맥이라면 임도는 우리의 몸 구석구석 피를 전달하는 모세혈관

그림 2-4. 산림노망 모식도

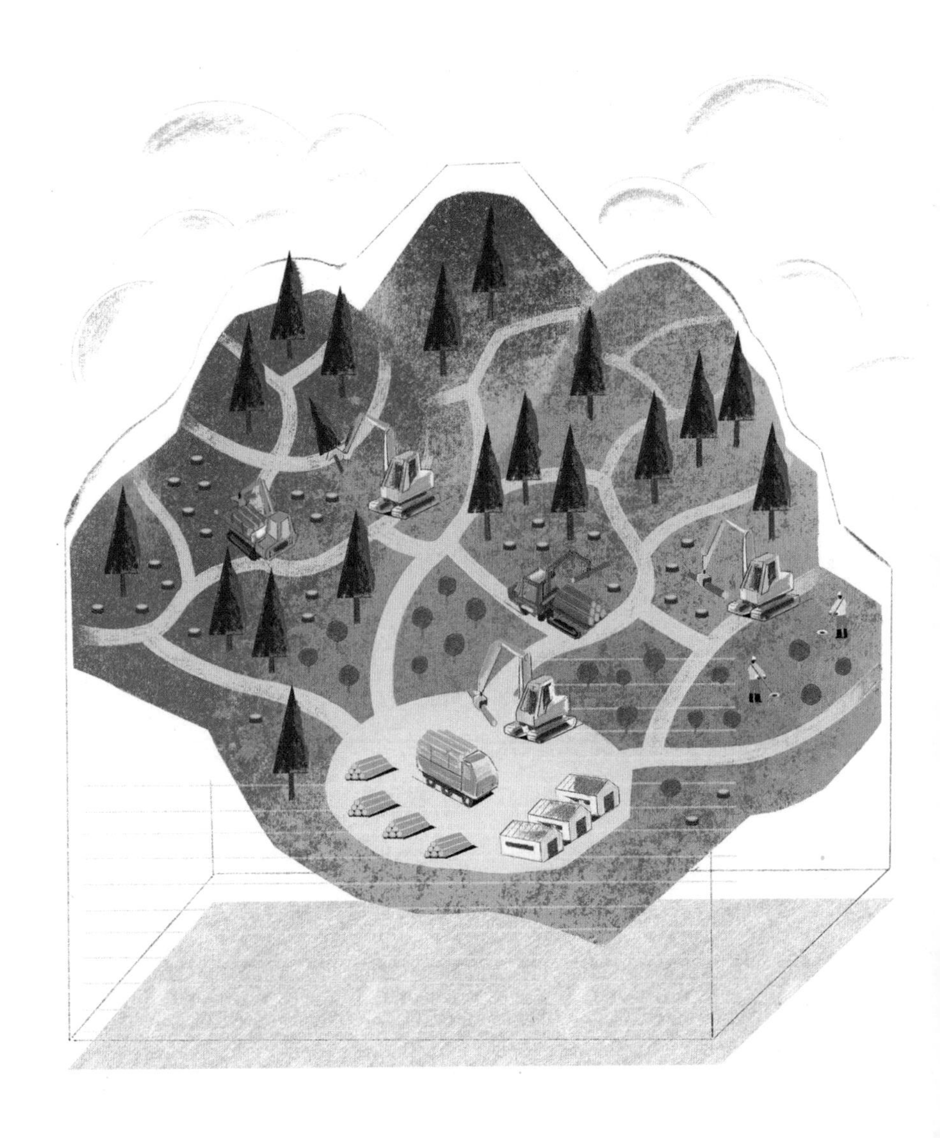

과 같다. 산림관리를 위해서는 산림 외부에서 산림 내로 접근할 수 있도록 기본 산림노망을 정비해야 한다. 기본 산림노망은 사람 및 기계, 자재, 임산물 등을 산림 내로 운반하는 중요한 역할을 담당한다.

산림노망은 지속적으로 사용하는 것을 전제로 정비되며, 산림 기반시설의 설계 및 시설기준(임도시설규정)에 따라 구조와 규격이 정의되어 있다.

산림경영 측면에서 임도는 도로 기능이 타 산업과 구별되는 특징이 있다. 산림과 시장 등을 연결하여 사람이나 물건 등을 운송하는 기능에 머물지 않고 목재수확이나 숲가꾸기 등과 같은 산림시업에 활용된다는 것이다. 목재가 활용되기 시작한 먼 옛날부터 산림이라는 광대한 공간을 대상으로 하는 임업에서 산림지형과 공간의 제약을 극복하는 것은 숙명적 과제였다. 따라서 임도라는 선형 구조물은 임업기계를 원활하게 진입시키고 이용하는 것을 가능하게 함으로써 산림공간의 거리와 이동시간을 효율적으로 축소하는 생산활동의 장이 된다. 산림노망이 산림경영의 기반이라 하는 것은 산림 내 개설된 여러 종류의 도로가 이 시업 기능을 강하게 갖게 하기 때문이다. 산림노망을 구축하는 것은 지속적인 산림경영을 위한 전제 조건이다. 그래서 혹자는 '산림 만들기는 임도 만들기이다', 또한 '완전한 임도망은 동시에 경관보호나 국토보전을 위한 기반이다' 라고 강조한다.

현재 우리나라는 국내 목재 자급률을 높이고 고부가가치의 국산 목재를 생산하기 위해 노력하고 있다. 향후 국산 목재 생산이 대경재를 중심으로 대형화될 것으로 예상되기 때문에 이를 위한 주벌수확 기술 및 영급 구조 개선, 생산관리기반시설 확충 등 지속가능한 산림자원에 대한 관리가 중요한 시기라고 할 수 있다. 따라서 산림관리와 목재 생산을 위해 임도의 수요가 급격하게 증가하고 있으며, 국유림을 중심으로 경제림 육성단지, 임도시설 시범단지 등 고밀한 임도망을 구축하여 목재 생산성과 작업 효율을 극대화하려는 움직임도 증가하고 있다.

체계적인 임도망을 구축하기 위해서는 각 임도의 목적과 규격을 고려하여 적정 임도밀도를 산출하고 적지에 노망을 배치하는 것은 매우 중요하다. 특히, 작업지까지 접근과 이동에 제약이 많은 산림 공간에서 작업 효율을 극대화하기 위해서는 임도 개설과 임도망 확충이 가장 먼저 선행되어야 하며, 합리적인 의사결정 과정을 통해 임도 계획을 수립하여야 한다.

최근에는 임도 개설의 환경성, 재해 안전성에 대한 사회적 우려가 대두되고 있다. 하지만 임도망을 충분히 개설하지 않으면 생태학적으로 건전하고 안정화된 임분구조를 가지는 산림을 만들기 어렵다. 이에 앞으로 임도망을 계획할 때에는 임업경영 측면뿐만 아니라 산의 지형이나 지질, 생태 등을 고려하여 환경친화적이고 임도 피해를 최소화할 수 있는 방안을 찾기 위한 적극적 노력이 필요하다.

임도밀도

임도밀도의 개념

임도밀도forest road density, m/ha는 일정 면적의 산림에 만들어진 임도의 총길이를 나타낸다. 임도밀도의 높고 낮음은 산림 이용 수준이나 산림사업의 집약도를 보여주는 주요 지표가 되기 때문에 임도망의

그림 2-5. 주요 국가별 임도밀도에 따른 작업지까지의 거리(국립산림과학원)

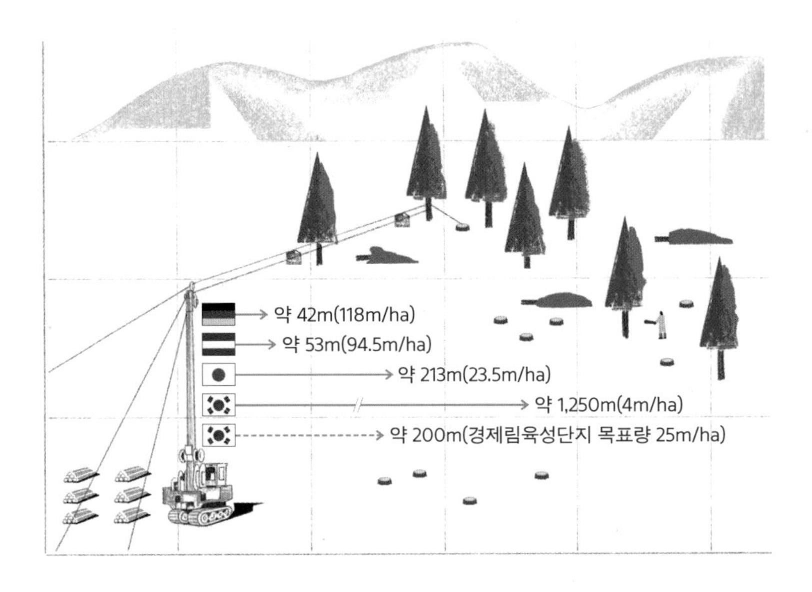

충족도를 나타내는 양적 지표를 의미하기도 한다. 이는 임도밀도가 높으면 즉, 임도 개설량이 많을수록 산림 이용과 보호가 용이하고, 산림의 경제적 가치를 높이기 위한 다양한 산림사업들을 추진할 수 있기 때문이다. 따라서 주요 국가의 임도밀도를 비교해 보면 해당 국가의 임업과 산림이용 수준을 짐작할 수 있다. 주요 임업 선진국의 높은 임도밀도는 우리나라와 비교하여 목재 자급률이 높고 산림 이용 수준이 높다는 것을 보여준다.

임도밀도가 가지는 다른 의미는 임도망 계획 단계에서 요구되는 적정한 임도개설량을 찾는 데 있다. 우리가 보유한 산림을 대상으로 임도를 얼마나 개설하고, 어떻게 노선을 배치하여 시설할 것인지 계획하는 것은 산림경영에 있어 매우 중요한 과제이다. 임도는 초기

시설 비용이 많이 소요되며, 일단 한번 시설되고 나면 노선 수정은 거의 불가능하기 때문이다. 따라서 산림경영 측면에서 적정 수준의 임도를 계획하고 노선을 효율적으로 배치하여 불필요한 임도가 계획되는 것을 방지해야 한다.

적정 수준의 임도밀도를 예측하는 방법은 크게 해석적 방법(이론적 방법)과 경험적 방법(대안비교법)이 있다. 해석적 방법은 예정 노선의 노선도를 작성하지 않고 경제성에 근거한 계산만으로 최적의 임도밀도와 배치 간격을 산출하는 방법으로, 적정량의 임도를 시설하여 산림 작업 및 유지 관리를 위한 총비용을 최소화해야 한다는 개념에 근거하고 있다. 1942년 미국[8]에서 발표한 이래 적정한 임도망 간격 이론을 포함하여 일본, 오스트리아, 독일 등에서 다수의 연구가 이루어져 왔다.

경험적 방법은 우선 다수의 임도 예정 노선을 계획하고 이들 노선 상호 간의 작업 여건과 경제성을 평가한 후 선택된 최적 노선을 대상으로 임도밀도를 산출하는 방법이다. 각각의 임지마다 현재의 기술 수준으로 최적이라 판단되는 목재수확 시스템을 적용하여 노선 배치를 실시하게 된다. 오스트리아[9,10]에서 제시된 이 방법은 오스트리아, 스위스, 독일 등에서 주로 사용하여 중부 유럽 방식이라고도 한다. 다만, 이 방법은 임도 예정 노선의 배치와 임도밀도의 적정 수준이 임도망 계획 담당자에 의해 결정되기 때문에 신중한 접근이 요구된다.

우리나라의 임도밀도 목표

우리나라 임도밀도 목표량은 크게 기본임도밀도와 적정임도밀도로

그림 2-6. 임도밀도 개념도(국립산림과학원)

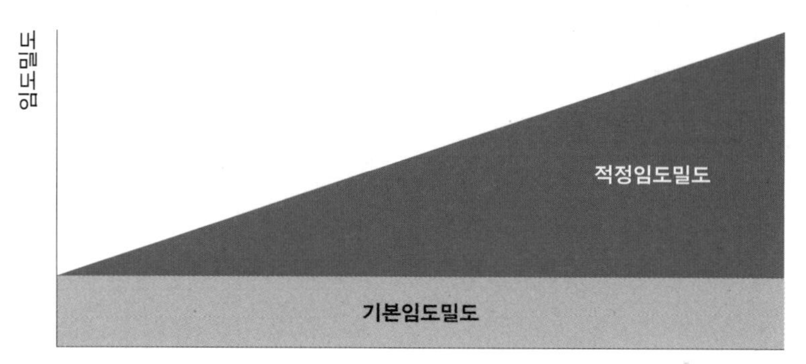

구분한다. 기본임도밀도는 기본적인 산림육성 및 관리를 위한 사회간접자본SOC: Social Overhead Capital 개념으로서, 전체 산림을 대상으로 국가 주도로 만드는 최소한의 임도시설 수요량이다. 반면, 적정 임도밀도는 산림경영을 위한 기반시설 개념으로 목재생산림(경제림)을 대상으로 한다. 사회간접자본인 동시에 목재를 저비용으로 생산하고 공급하기 위한 산림경영 기반시설 개념의 임도시설 수요량이며, 경영주체(국가, 지자체, 산주 등)에 의해 만들어지는 임도시설 밀도이다.

국립산림과학원에서는 우리나라의 산지 지형 및 산림 특성을 고려하여 임도밀도 목표량을 제시한다. 우리나라 전체 산림의 보호와 관리를 위한 기본 임도밀도는 1 헥타르당 6.8m, 목재 생산을 주요 기능으로 하는 목재생산림(경제림)의 적정 임도밀도는 1 헥타르당 25.3m가 필요하다. 하지만 이 값은 우리나라 전체 산림을 대상으로 산정된 평균 임도밀도로서, 해당 지역에 요구되는 정확한 임도밀도

목표량은 해당 지역의 산지 특성과 산림자원 현황 등 현지 여건을 고려하여 적용하는 것이 바람직하다. 산정된 최소비용 방식의 임도밀도는 장기적 임도시설 확충 목표에 적용하게 되며, 이를 기준으로 산림사업지에서 임도를 설치할 때는 운용되는 임업기계를 고려하여야 한다.

임도는 반영구적으로 사용되는 산림경영 기반시설이다. 산림자원, 임업 기술, 노동 조건 등 시대적 여건 변화를 고려하여 적정 수준의 임도밀도를 산정하고, 목표로 하는 임도밀도 수준까지 체계적으로 확충해 나가기 위해서는 장기적인 안목에서 단계별로 꾸준히 임도 사업을 추진해 나아가야 한다.

세계의 임도밀도

임도는 그 나라의 임업 외에도 역사적, 사회적 배경을 반영한다. 세계 여러 국가에서 합리적인 산림경영을 위해 임도를 개설하고 있으며, 개설된 임도는 산림경영 이외에도 종합적이고 다목적으로 이용된다. 최근에는 산불 등 산림재난 대응뿐만 아니라, 산림 공간을 기반으로 국민 건강 증진을 위한 레크리에이션 등을 목적으로 산림 내로 접근하는 주요 수단을 제공한다.

① 미국

2020년 말 기준, 미국의 국유임도밀도는 9.7m/ha이다.[11·12] 이는 순수 임도만의 시설거리로 고속도로, 주도, 자치주도 등 공도는 포함하지 않는다. 또한 실제 산림관리가 이루어지는 국유림의 임도밀도로서, 아무런 인간의 개입이 이루어지지 않는 황야지wilderness를 제외하고 있다. 황야지는 야생성 유지를 위해 관리 및 경영 등의 인위적인 행위를 일절 배제하는 지역으로 1964년 제정된 황야법에 의해 관리된다. 미국의 사유임도는 법적 기준 안에서 임업경영 주체가 자유롭게 개설 및 복원하기 때문에 공식적인 통계 자료가 발표되지 않는다.

② 오스트리아

오스트리아의 임도밀도는 2020년 기준 500ha 이상의 산림경영이 이루어지는 산림에서 약 50.5m/ha인 것으로 알려졌다.[13] 오스트리아 농림부에서 발간된 〈2023년 오스트리아 임업 조사 보고서〉에는 오스트리아의 임도밀도가 45m/ha로 제시되어 있다.[14] 오스트리아는 임업적으로 활용가능한 임내도로 통계에서 국토교통부에서 관리하는 고속도로와 국도는 제외하고 있다.

③ 독일

1986~1989년 이루어진 연방산림조사Bundeswaldinventur 결과에 따르면 독일의 임도밀도는 54m/ha이며,[15] 이후의 임도밀도 관련 공식 자료는 확인하기 어렵다. 하지만 기반 구축 이후 지속적으로 유지 관리하며 임업뿐만 아니라 레크레이션 등에도 활용하고 있는 것으로 보고되고 있다. 독일에서는 주州별로 임도 설계·시공·유지 관리가 이루어지고 있으며, 임도밀도를 산정할 때 임도로 분류된 도로만을 적용한다.

④ 캐나다

캐나다의 주요 목재 생산지인 브리티시 콜럼비아British Columbia 주의 임도밀도는 2023년 현재 11.3m/ha로 보고되고 있다.[16·17]

캐나다에서는 산림 관련 법률을 적용 받아 공공도로 및 고속도로, 지방도 등은 임도에 포함하지 않는다.

⑤ 핀란드

국토의 60%가 산림이며, 침엽수림이 약 50%로 우리나라와 유사한 여건인 핀란드의 경우 2011년까지 임도시설량은 약 13만 km로 임도밀도가 약 5.8m/ha이다.[18] 핀란드는 임도를 임업에서 활용할뿐만 아니라 임도망을 체계적으로 구축해 산불 관리 전략 수립으로 산불피해 감소에 기여하는 것으로 알려져 있다.

⑥ 일본

우리나라와 기후, 지형, 산림 소유구조 등이 유사한 일본의 경우 임내도로밀도는 임업적 활용 가능한 공도를 포함하여 23.5m/ha(2020년 말 기준)이다.[19] 이는 일본 임야청에서 관리하는 임내도로밀도(임도+임업전용도+산림작업도) 15.8m/ha와 임업적 활용이 가능한 공도 7.7m/ha로 이루어져 있다. 임업적으로 활용 가능한 공도의 경우, 국토교통성의 예산 부족으로 지방 임야청에 요청하여 임도로 개설한 후 현도縣道로 전환된 도로를 포함하고 있다.

이상의 주요 임업국 이외에도 유럽(스위스, 폴란드, 체코, 우크라이나, 이탈리아, 슬로베니아, 스페인, 크로아티아, 아일랜드, 스웨덴, 노르웨이, 덴마크 등), 오세아니아(호주, 뉴질랜드, 파푸아뉴기니 등), 중동·아시아(튀르키예, 우리나라, 태국 등) 등의 여러 국가에서 임업적 활용과 더불어 다양한 목적을 위해 임도를 확충하고 있다.

임도시설 효과

임도는 산림경영 및 산림재난 대응 시 임업기계나 관리 차량 등 장비가 이동할 수 있는 적정 폭으로 조성된다. 장비와 인력을 동원하여 산에 나무를 심거나 숲을 가꿀 때 사용하기 위해서다. 임도가 시설되어 있지 않은 산을 가꾸려면 더 많은 비용과 인력이 필요할뿐더러 차량이 진입할 수 없거나 장비를 사용할 수 없어 수확한 자원을 효율적으로 운반하지 못하거나 조림 활동을 하지 못하는 등의 경우가 발생할 수 있다. 임도시설량이 부족하면 산림을 관리하는 데 소요되는 인건비 등 제반 비용이 증가한다. 이는 국산 목재 가격을 높이는 원인이 된다. 더욱이 임도는 산불과 같은 재난 발생 시 소방 차량이나 복구 인력을 투입하는 경로로 사용되기 때문에 임도 부족은 산불 등의 재해 발생 시 신속한 진입을 저해하여 적절한 조기 대응이 늦어지는 결과를 초래한다.

이와 같이 임도는 산림의 종합적·합리적 관리 및 경영을 위한 교통을 제공함과 동시에 조림, 숲가꾸기, 벌채, 수확 등의 효율적 산림작업을 위한 산림경영 기반시설이다. 임도의 기능은 크게 산림의 공익적 기능 고도 발휘, 임업과 임산업 진흥, 지역 진흥의 3가지 측면으로 구분된다. 임도의 주요 임업적 효과는 다음과 같다.

- 정밀한 산림시업을 가능하게 하여 산림이 갖고 있는 다면적 기능 향상을 도모할 수 있다.
- 임산물 운반을 신속·용이하게 하며, 운송 과정의 파손과 품질 저하를 방지하고, 반출 비용을 줄인다.
- 집약적인 목재 생산이 가능하여 생산성을 향상시킨다.

- 집약적인 산물 수집이 가능하여 벌채적지의 갱신이 용이하며, 조림비 경감을 도모할 수 있다.
- 산림 내 교통이 편리해지고 노동 공급을 원활히 하며 산림의 보호, 보육, 관리 등을 충분히 수행할 수 있다.
- 작업 조건이 향상되며, 임업기계의 도입이 용이하여 작업 방법 개선 및 능률 향상을 도모할 수 있다.
- 산림병해충 및 산불 발생 시 신속하게 현장 접근이 가능하여 재해 확산 예방 활동을 통하여 건강한 산림을 관리할 수 있다.
- 경관이 수려하고, 문화적 가치가 있는 산림 내의 임도는 산림휴양, 산림탐방 등 국민 여가활동 장소로 활용되고 산악마라톤, 산악자전거, 산악스키 등 산악레포츠의 장으로 활용되어 국민 정서 함양 및 건강에 이바지한다.

임도의 임업적 활용과 관련하여 이루어진 연구들에 의하면, 임도 개설 시 이용가능한 산림면적은 5~8배, 목재 재적은 2~6배가 증가하고, 수확한 원목의 수집거리는 2~4배 단축이 가능하다. 임도밀도가 10m/ha에서 20m/ha로 증가되면 목재 수집 비용을 35~47% 절감할 수 있다.[20]

임도 개설 유·무에 따른 작업지 접근성 개선 및 작업비용 추정 차액을 비교분석한 연구에서는 작업지 접근성은 약 2.5배 증가하며, 산림작업 종별로 조림 및 숲가꾸기는 57만6천 원/km/년,[21] 목재수확은 88만4천 원/km/년[22]씩 절감할 수 있는 것으로 보고되고 있다. 또한 새롭게 개설된 임도의 경제적 파급 효과는 생산유발비용 5억 1,700만 원/km, 고용 유발 효과 3.4인/km, 부가가치 창출 효과가

2억 원/km이며,[23] 임도망 밀도가 50m/ha씩 증가함에 따라 평균 8.3%의 생산 비용 절감이 가능한 것으로 나타났다.[24]

임도밀도와 목재생산량의 관계를 살펴보면 집재거리•에 따른 1일 평균 목재 생산량은 100m 일 때 51.6m³, 1,000m일 때 20.4m³으로 집재거리가 멀어질수록 목재 생산량은 낮아진다.[25] 또한 가선계 집재장비는 임도망 밀도 88~125m/ha일 때 가장 높은 생산성을 나타내고, 차량계 집재장비의 경우 임도망의 밀도가 높을수록 생산성이 높은 것으로 나타났다.[26]

산불과 관련하여 산불의 공간 패턴에 미치는 임도의 영향, 산불 피해 특성과 임도의 상관관계를 살펴본 연구에 의하면 대형산불은 도로가 없어 사람의 접근이 어려워 고립되고 연료의 연속성이 높은 지역에서 주로 발생한다.[27] 주요 임도에서 거리가 1m 멀어질수록 산불 피해면적은 1.545m²씩 증가하는데, 임도에서부터 산불피해지까지의 거리는 피해면적과 상관관계가 있는 것으로 보고되었다.[28] 우리나라와 산림 여건이 유사한 핀란드는 약 13만km 이상의 임도를 개설해 진화 인력 및 장비의 접근성을 향상해 산불 피해면적을 0.4ha/건으로 감소시켰다.[29]

이와 같이 산림이 다면적 기능(목재생산+공익)을 지속적으로 발휘할 수 있도록 하려면, 특히 산림경영 기능뿐만 아니라 수자원 함양, 산림재해 방지, 산림휴양, 생활환경과 자연환경 보전의 공익적 기능을 고도로 발휘하도록 하려면 임도 개설 및 확충은 필수적이다.

• 일정 구역 내의 산림에서 벌채된 나무를 수요처로 운반하기 위해 모으는 작업을 집재라 하며, 집재 거리는 집재 작업을 위해 수확한 목재를 운반하는 실제 거리를 의미한다.

2. 임업기계화

임업기계화 필요성

임업기계forest machinery는 산림의 기능을 최대한 발휘할 수 있도록 산림경영을 위한 필수적인 수단이다. 사람은 동물과 마찬가지로 생물적인 물질 대사작용에서 에너지를 얻는다. 그래서 현재 사용하고 있는 내연기관에 비하면 에너지 효율이 매우 낮다. 따라서 기계적인 단순노동은 약간의 유지비와 연료비만으로 운용할 수 있는 기계를 이용하는 것이 훨씬 경제적이다.

넓은 의미의 임업기계는 산림의 조성, 관리 및 생산물 수확 등 산림경영 활동에 활용되는 모든 장비를 말한다. 최근에는 일반적인 토목 및 농업 장비가 임업 분야에서도 많이 활용되고 있기 때문에 이 장비들도 넓은 의미에서 임업기계라고 할 수 있다.

좁은 의미의 임업기계는 임업용으로 활용하기 위해 제작된 체인톱을 비롯하여 벌목 및 집재기계 등 임업 전용 장비를 말한다. 그

그림 2-7. 80년대 인력에 의한 집재

그림 2-8. 고성능 임업기계에 의한 집재

중에서도 고성능 임업기계는 목재 생산 단위 작업 중 한 가지 이상의 작업을 하나의 공정으로 수행하는 기계를 말하는데 대표적으로 하베스터(벌도·조재), 프로세서(조재·적재), 포워더(집재·적재), 펠러번처(벌도), 타워야더, 스윙야더 등이 있다.

임업기계화는 목재 생산이라는 힘든 육체노동에서 작업원의 부담을 경감시키기 위해 인력에 의한 단순 작업 대신 더 효율이 높고 생산경비 절감이 가능한 기계를 이용하는 것을 말한다. 임업기계화의 필요성으로 작업 생산성 향상, 생산비용 절감, 중노동에서 해방 등을 들 수 있다. 그 밖에도 계획 생산 실시, 지형 조건 극복, 생산 속도 증가와 상품 가치 향상 등이 있다.

임업기계화를 통해 힘들고 어려운 산림 작업을 쉽고 편하고 안전하게 할 수 있다. 최근 우리 사회가 겪고 있는 농산촌 인구 감소, 노동력의 고령화 및 부족 등의 문제들을 해결하고 임업을 활성화하기 위해 임업기계화가 필요한 실정이다. 임업기계화를 위한 첫걸음은 임도망을 확충하는 것이다. 작업을 위한 인력과 기계를 산림 내에 투입하고, 생산된 산물이 산림 밖으로 나오기 위해서는 임도가 필요하다. 임도 없이 기계화하겠다는 것은 공염불에 지나지 않는다. 우리나라의 임도밀도는 2023년 기준 헥타르당 4.11m로서 세계 주요 임업국보다 낮은 상황이다. 목재생산을 위한 경제림에서는 임업기계를 이용하여 최소 200m 이내에서 작업하기 위해 최소 25.3m/ha의 임도망이 필요한 상황이다.

그림 2-9. 대표적 작업 시스템 운용 임업기계 장비

하베스터
(벌목조재기)
입목의 벌도, 가지치기, 조재 등 작업과 집적 작업을 일괄적으로 처리할 수 있는 기계

프로세서
(조재기)
임도변이나 집재장 등으로 집재되어 온 벌채목의 가지치기, 조재 등을 연속적으로 처리할 수 있고, 집적 작업도 가능한 자주식 기계

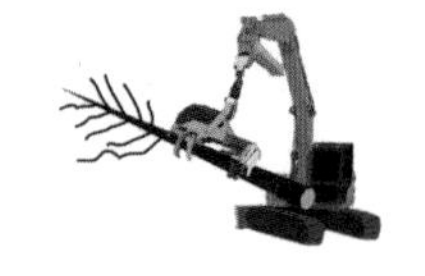

포워더
(적재식 집재 차량)
조재된 통나무를 그래플 크레인으로 적재함에 쌓아 운반하는 집재 전용 자주식 기계

타워야더
(타워 형태의 집재기)
간편한 가선으로 집재가 가능한 인공 지주를 장착한 이동 가능한 집재기

스윙야더
(선회 가능한 타워 형태의 집재기)
스카이라인을 설치하지 않고 간이 삭장 방식에 의하여 작업을 수행하며, 선회가 가능한 붐을 장착한 집재기

임업기계 현황

우리나라 임업기계 현황

우리나라 임업기계는 체인톱, 트랙터, 소형 윈치, 수라와 같은 재래형 임업 기계와 하베스터, 타워야더, 포워더와 같은 고성능 임업기계를 포함한다. 현재 우리나라의 임업기계 중 가장 많이 보유하고 있는 것은 체인톱이며, 목재수확 작업에 사용되는 고성능 임업기계는 보유 대수가 많지 않다. 실제 목재수확 작업에 사용하는 하베스터, 프로세서, 스키더, 포워더 같은 고성능 임업기계는 보유 대수가 아주 낮아 우리나라의 임업기계화 수준이 높지 않음을 알 수 있다. 현재 우리나라 임업기계의 특징은 굴착기를 기반으로 하는 우드그랩(218대 보유)으로 산림 내에서 집재 작업과 원목 상하차 작업을 실시한다는 점이다.

그동안 우리나라의 경제림은 가꾸어 온 조림목이 성숙하지 못하여 고성능 목재수확기계에 대한 수요가 낮았다. 임도의 규격이 작아 고성능 임업기계의 진출입에 제약이 많았기 때문이다. 하지만 인공림을 중심으로 1960년대 이후 조림한 나무의 수확 시기가 도래하였고 임도 시공 기술도 발전하여 앞으로는 고성능 임업기계를 이용한 저비용 고효율의 목재생산 작업을 기대할 수 있다.

임업기계 분포를 보면, 대부분 산림청과 지방자치단체를 중심으로 보유하고 있으며 시·군 산림조합 등 민간 기업의 보유 비율은 낮은 편이다. 앞으로 본격적인 임업기계화를 위해 새로운 기술과 기계를 개발하는 연구, 오퍼레이터 양성을 위한 체계적인 교육 및 훈련 그리고 국가 지원 등을 통해 지속적인 임업기계화의 발전이 필요하다. 또한 본격적인 목재수확 작업을 위해서는 하베스터, 프로세서, 스키더, 포워더 같은 고성능 임업기계를 적극적으로 도입하고 활성화해야 한다.

표 2-1. 임업기계 보유 현황(산림청, 2020)

기계 구분	보유 대수	비율(%)
체인톱	4,660	66.7
굴착기(0.2~0.8㎥)	271	3.9
트랙터	181	2.6
소형 윈치	536	7.7
수라	209	3.0
트랙터 집재기	174	2.5
굴착기 집재기	135	1.9
타워야더	19	0.3
프로세서	35	0.5
라디케리	5	0.1
스키더	43	0.6
우드그랩	218	3.1
기타	371	5.3
합계	**6,984**	**100.0**

표 2-2. 기관별 임업기계 보유 현황(산림청, 2021)

기계 구분	산림청	지방자치단체	산림조합	합계
보유 대수	1,188	5,133	661	**6,982**
비율(%)	17.0	73.5	9.5	**100.0**

세계 임업기계의 동향

① 일본

일본의 산림면적은 전 국토의 67%에 해당하는 2,508만 헥타르 정도로 우리나라의 약 4배이다. 임목축적은 202㎥/ha이고 연간 목재 공급량은 약 2,714만㎥이다. 매년 이 수준의 목재를 생산하기 위해 8종의 고성능 임업기계와 25종의 재래식 임업기계를 투입하여 활용하고 있다. 임업기계를 원활하게 도입하기 위한 정부 지원, 지속적인 임업전용도와 산림작업도 확충, 목재생산의 안전성과 생산성 향상을 도모하는 기계 개발 및 개량 시책 수립, 목재공급 체제 강화 등을 배경으로 고성능 임업기계 보유 수량이 매년 증가하고 있다.

일본은 펠러번처, 하베스터, 프로세서, 스키더, 포워더, 타워야더, 스윙야더 등 8종을 고성능 임업기계라 부르며, 매년 보유 현황을 임야청에서 발표하고 있다. 고성능 임업기계는 1988년 23대로 시작해 2020년 현재 1만218대로 444배가 늘어났다. 내용을 살펴보면 포워더, 프로세서, 하베스터 등 3종이 전체의 70%를 차지하고 있어 고도기계화 단계에 이르고 있다. 반면 표 2-3에서도 알 수 있듯이 타워야더와 펠러번처는 대수가 많지 않고 보유대수가 감소하고 있다.

표 2-3. 일본의 고성능 임업기계 보유 현황(일본임업기계화, 2021)

기종명	펠러번처	하베스터	프로세서	스키더	포워더	타워야더	스윙야더	기타	합계
대수	166	1,918	2,155	111	2,784	149	1,095	1,840	**10,218**
비율(%)	1.6	18.8	21.1	1.1	27.2	1.5	10.7	18.0	**100.0**

2-10. 일본의 집재 작업

② 독일

독일의 산림면적은 전 국토면적(3,565만 헥타르)의 31%에 해당하는 1,108만 헥타르이며 대부분이 산악지역에 분포되어 있다. 주요 수종은 가문비나무, 소나무, 너도밤나무, 참나무류이다. 평균 임목축적은 320㎡/ha로서 상당히 높은 편이다. 연간 임목 벌채량은 6,400만㎡로서 목재 수요량의 대부분을 자급하고 있다.

독일에서는 여러 종류의 임업기계가 제작·판매되고 있다. 독일의 산림기술위원회KWF: Kuratorium fur Waldarbeit und Forsttechnik e.V.에서는 독일의 개별 임업기계 그룹의 새로운 판매에 대한 정보를 제공한다. 여러 임업기계 중 하베스터와 포워더의 판매가 계속 성장하는 추세이고 산림 특수 트랙터와 산림 트랙터도 많이 활용한다. 임업기계 판매 현황을 보면 임업용 트랙터(농용 트랙터 개조)가 58대, 스키더 52대, 콤비머신(포워더+스키더) 41대, 포워더 118대, 하베스터 120대 등이다.

③ 미국

미국은 민간기업을 중심으로 임업이 활성화되어 있어 구체적인 임업기계 현황은 찾기 어려운 실정이다. 미국의 대규모 벌채 현장에서는 펠러번처와 같은 대형 임업기계를 사용하여 벌채 작업을 실시하고 스키더나 스윙야더로 전목을 집재하여 프로세서로 가지치기를 하는 작업 과정을 거치고 있다.

북아메리카 지역의 임업기계 제작 회사는 브랜트Brandt, 존 디어John Deere, 캐터필러Caterpillar, 타이거캣Tigercat 등이 활동하며 펠러번처, 포워더, 하베스터, 스키더, 딜림머, 궤도형 불도저 등 관련 헤드

2-11. 미국의 집재 작업

와 부착기를 제작하여 판매하고 있다. 대부분의 임업기계는 대형기계이므로 한 번에 많은 양을 작업할 수 있는 구조를 갖추고 있다.

산림작업 안전

임업은 지형이 험준하고 급경사로 이루어진 산악 지형에서 작업이 실시되는 경우가 많다. 그래서 작업 환경이 열악하고 근로자의 노동 부담이 매우 큰 편이다. 또한 사용되는 기계장비의 위험성이 높고 부피가 크거나 무거운 중량물을 다루는 경우가 많아 작업 안전사고의 발생 빈도가 매우 높다.

임업 분야의 재해율은 타 산업 분야와 비교하여 매우 높은 수준

표 2-4. 임업의 작업 환경과 안전사고 위험성

산림작업 환경의 특징	- 지형이 험준하고 장애물이 많아 안전사고 위험이 항시 크다. - 산지의 경사도로 인해 미끄러지기 쉽다. - 더위, 추위, 눈, 비, 바람 등과 같은 기상조건의 영향을 많이 받는다. - 산림작업 도구 및 기계·장비의 위험성이 크다. - 작업 장소가 넓고 수시로 이동하기 때문에 안전관리가 어렵다. - 독충, 독사, 낙석 등에 피해를 받기 쉽다.
산림사업의 입지 조건	- 계절과 기상에 많은 영향을 받으며 강우, 강설에 의한 현장 내 이동이 어렵고 암석지, 급경사지 등 지형적 제약이 많다. - 산림작업 현장은 임도가 시설되지 않은 지역이 대부분이므로 장비 진입, 작업 인력의 이동 등이 불리하고, 작업 중 장비가 고장난 경우 수리를 위한 부품 조달·정비 등이 어렵다.
산림사업의 위험성	- 산림작업 현장은 매번 변경되므로 지형 숙지와 작업 중 위험 요소를 파악하기 어렵다. - 벌채목, 또는 원목은 부피가 크고 중량이 커서 작업의 노동 부하가 크기 때문에 부딪힘, 깔림, 끼임 등의 안전사고 위험이 크다. - 차량 접근이 어려운 지역에서 사고가 난 경우 초기 대처가 미흡하면 큰 피해로 확대될 수 있다. - 작업지 내 화기 취급에 부주의할 시, 산불 피해로 크게 확대될 수 있다. - 벌도목의 부러진 가지, 지면의 암석, 벌집, 독충, 야생동물 등 현장에서 통제하기 어려운 안전 위협 요소가 많다.

이기 때문에 산림작업 노동자들에게 노출될 수 있는 작업 유해인자도 매우 많은 편이라 할 수 있다. 주요 유해인자로는 체인톱과 같은 임업기계를 비롯한 대형 건설기계, 중량물에 의한 신체 부담, 급경사에 따른 부적절한 작업 자세, 소음, 진동, 분진 등이 있다. 이 밖에 지형이나 기상, 곤충이나 뱀 등 자연환경 조건에 의한 피해를 들 수 있다. 뿐만 아니라, 산림작업 공간에서는 소수 인원이 흩어져 작업을

실시하기 때문에 안전관리자가 활동하기도 어렵다. 작업원의 고령화도 안전사고 발생의 주요 요인이라 할 수 있다.

우리나라의 임업기계화는 아직 저조한 수준이지만, 단계적인 기계화로 작업자의 안전사고 발생을 줄일 수 있다. 기계화를 통해 작업자의 노동 부하를 낮추고 지형과 기상 조건을 극복하여 목재 임산물을 체계적으로 수확할 수 있기 때문이다.

주요 산업재해 및 작업 안전사고를 예방하려면 산업 현장의 위험 요소를 사전에 점검하고 제거하는 조치가 필요하다. 산림사업 분야에서 작업 현장의 위험요소란 집재목 또는 조재목, 임업기계 및 장비 등의 안전을 저해하는 유해 위험과 이의 발생가능성을 의미하는 요소를 말한다. 산림작업의 산업재해 및 안전사고의 예방을 위해서 작업안전 교육을 수시·정기적으로 실시하고 확대해 나갈 필요가 있다.

산림사업은 대부분 지형의 변화가 심한 산지에서 이루어지기 때문에 지형 및 기상 조건의 인위적 변화가 불가능하다. 타 산업 대비 기계화율이 낮아서 사고 재해 발생률은 상대적으로 높고, 노동 강도가 높은 육체노동으로 분류되는 등 다른 산업 분야와는 차별된 임업의 특성이 뚜렷하게 나타난다.

최근 5년여간(2016~2021. 6) 총 6,175명의 산림사업 근로자가 벌채, 숲 가꾸기, 병해충 등 작업으로 사고를 당했다. 사망자는 총 84명에 달하는 것으로 확인됐다.

작업 유형별로는 벌채 작업 시 발생한 안전사고가 473명(45.9%)으로 가장 많았고, 숲가꾸기 작업 315명(30.6%), 병해충 관련 작업 135명(13.5%), 산불진화 작업 99명(1.6%) 등의 순으로 조사

표 2-5. 임업 분야 산림사업 안전재해 발생 현황(2022 산업재해 현황 분석)

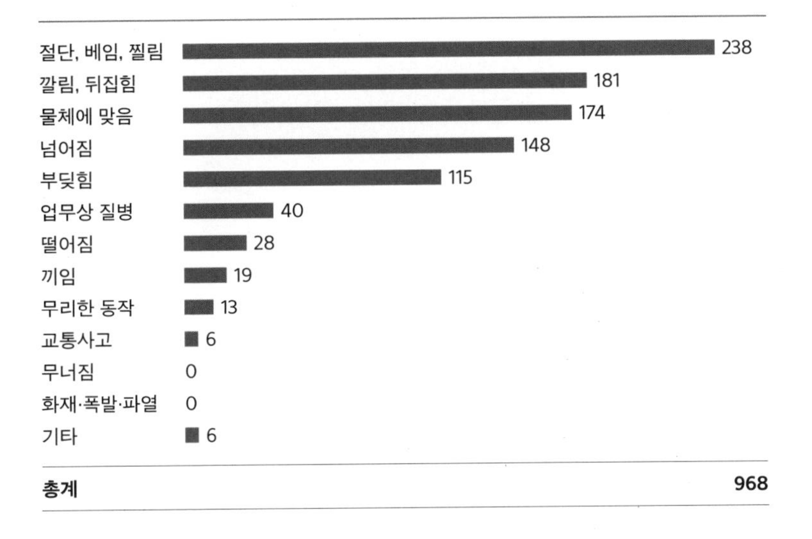

되었다. 사망사고의 원인으로는 깔림 41명(48.8%), 부딪힘과 맞음, 떨어짐이 10명(11.9%), 절단 및 베임이 3명(3.6%) 순으로 나타났다.

이 시기에 발생한 산림사업 근로자의 안전사고 현황을 살펴보면 2016년 1,444명에서 2019년에는 1,017명으로 감소한 이후 2020년 1,030명, 2021년 6월 기준 519명으로 1,000명대 수준으로 나타났다.

같은 시기에 우리나라에서 산업재해로 발생한 산림작업 안전사고는 매년 950~1천여 건 정도가 발생하고 있다. 이로 인한 산림작업자의 사망 사례도 매년 발생하고 있다. 사망사건 중 약 45%가 벌도한 나무가 넘어가면서 깔리거나, 작업하고 있는 굴착기가 뒤집히는 사고로 인해 발생한다. 산업재해를 신청하지 않은 소규모 사업장 혹은 1인근로자의 안전사고 건수까지 고려하면 실제 사고 건수는 더욱

높을 것으로 예상된다. 이러한 사고를 예방하기 위해서는 정기적으로 안전교육을 실시하고 안전모를 비롯한 안전보호구를 착용하고 안전관리자 배치 등을 시행해야 한다.

표 2-6. 최근 5년간(2018~2022년) 발생한 임업 분야 사망재해 발생 현황 (한국산업보건환경공단, 2022)

발생유형	2018	2019	2020	2021	2022	계
깔림, 뒤집힘	7	10	7	7	2	**33**
부딪힘	-	2	-	-	1	**3**
물체에 맞음	-	2	2	-	4	**8**
떨어짐	1	1	3	2	3	**10**
끼임	-	-	2	1	-	**3**
절단, 베임, 찔림	-	1	-	1	-	**2**
동물 상해	2	-	2	1	-	**5**
기타	3	1	1	1	2	**7**
계	13	17	17	13	13	**73**

- 깔림, 뒤집힘: 물체가 쓰러지거나 뒤집힘
- 부딪힘: 물체에 부딪힘
- 물체에 맞음: 날아오거나 떨어진 물체에 맞음
- 떨어짐: 높이가 있는 곳에서 사람이 떨어짐
- 끼임: 기계설비에 끼이거나 감김
- 절단, 베임, 찔림: 칼 등 날카로운 물체 또는 톱 등의 회전날 부위에 절단되거나 베임
- 동물 상해: 동물에 의해 피해가 발생함
- 기타
  - 감전: 전기가 통하는 물체에 닿음
  - 업무상 질병: 업무와 관련한 질병이 발생함

임업기계화와 임도의 관계

우리나라의 산림은 대부분 산악지역에 분포하므로 평지림이 많은 국가와는 지형 조건이 달라 임업기계화에 있어서도 큰 차이가 있다. 산림에서의 목재수확 작업은 크게 벌도, 조재, 집재, 운재 등으로 구분할 수 있으며, 노동 강도가 타 산업에 비하여 높게 나타난다. 이러한 높은 작업 강도를 요구하는 목재수확 작업에서 임업기계화는 작업 생산성을 향상시키고, 목재생산 비용 절감과 작업자의 안전사고 발생 위험성을 감소시키고 작업 부담을 경감시키는 역할을 한다. 더욱이 국내 산림자원의 임목축적량이 증가하고 이에 대한 산림시업과 관리의 중요성이 부각되고 있는 시점에서 임도시설의 확충과 함께 임업기계화가 절실하게 요구된다.

산림작업 계획 시 작업에 영향을 미치는 모든 요소인 사업 주체, 지형, 수종, 크기, 생산물의 질, 생산 원목의 시장 가격, 가용 인력, 사용 장비의 운용 비용, 기후, 기타 작업 조건 등을 고려한 작업 계획이 필요하다. 목재 수확 장비는 특히, 지형, 임도망 현황, 벌채 종류, 경영 규모 등에 따라 선택하는데 이러한 조건에 따른 임업기계는 표 2-7과 같다.

임도를 정비하면 작업을 위한 기자재 운반 및 인력 이동이 수월해지며, 작업 환경 개선에도 도움이 된다. 또한 목재수확 작업에서 임업기계의 이동 편리성이 높아져 고성능 임업기계를 활용해 작업 생산성이 높아진다. 결과적으로 산림사업 초기, 임도를 개설하면 적절한 임업경영 방침이나 시업 계획을 수립할 수 있고 임도망을 기반으로 효율적이고 지속가능한 산림시업이 가능하게 된다.

표 2-7. 목재수확을 위한 임업기계 선택 기준(국립산림과학원)

지형	목재수확 장비	임도망 유무	벌채 종류	경영 규모
급경사	체인톱	불필요	솎아베기, 모두베기	소
	펠러번처	불필요		대
	프로세서	필요		
완경사	하베스터	불필요	솎아베기, 모두베기	대
	야더 집재기	필요		소-대
	타워야더	필요		
완-급경사	소형 집재용 차량	필요	솎아베기, 선택베기	소
	포워더	필요	솎아베기, 골라베기	소-대
	헬리콥터	필요		대

표 2-8. 지형 경사와 작업 시스템에 대응하는 임도망 정비 수준의 목표(포레스트 서베이, 2020)

목재수확 장비	지형	노망밀도	
		기간노망* (임도 등)	세부노망** (산림작업도)
완경사지(0~15°)	차량계	30~40	70~210
중경사지(15~30°)	차량계	23~34	52~165
	가선계		2~41
급경사지(30~35°)	차량계	16~26	35~124
	가선계		0~24
급준지(35°~)	가선계	5~15	-

* 기간노망: 트럭이 주행가능한 임도

** 세부노망: 주로 임업기계가 주행하는 임도

임도망 계획에 있어서 지형 및 지질 등의 산지 조건에서 어느 정도의 임도를 개설하는가를 고려하는 것은 매우 중요하다. 또한, 임도망은 목재를 수확할 때 작업 시스템의 생산성에 영향을 미치기 때문에, 목재수확 계획 및 작업 시스템을 함께 검토한 후 개설하여야 한다.

일반적으로 임도망을 구축하기 위한 정비 수준과 방법은 산림의 관리 목적과 대상 산림에 적용가능한 임업기계 시스템에 의하여 크게 달라진다. 간벌(솎아베기)과 같은 숲가꾸기 시업을 실행하기 위해서는 소형 임업기계가 주행할 수 있는 낮은 규격의 임도가 요구되지만, 대량의 목재를 생산하는 작업에서는 생산 비용의 절감을 위해 고성능 임업기계가 이용할 수 있는 높은 규격의 임도가 필요하다.

임도망 계획은 임도망 배치나 적용하려는 기계작업 시스템에 따라서 변화해야 한다. 작업로 정비가 가능한 장소는 차량계 작업 시스템에 적합한 고밀도 임도망을 계획한다. 고밀한 임도망 정비가 곤란한 지형에서는 가선계 작업 시스템을 활용할 수 있도록 간선작업로 계획을 검토해야 한다.

그림 2-12. 임업기계를 고려한 임도망 계획

3. 탄소경영

탄소중립

전 세계적으로 이상기후에 따른 자연재해 피해가 증가하고 있다. 이제는 기후변화가 과학자들만의 걱정이 아닌 우리 주변에서 일어나는 일상이 되어버린 것이다. 유럽연합(2019), 미국(2020) 등 주요 국가는 탄소중립을 선언하였고, 이를 이행하기 위해 다양한 정책들을 계획하고 추진하며 노력하고 있다. 유엔에서는 산림부문을 비용 대비 효과성이 높고, 탄소중립을 이행할 수 있는 빠른 수단으로 평가하며,[30] 전 세계 141개국 정상들이 2030년까지 산림의 손실을 막기 위해 노력하기로 선언(2021)하였다.

우리나라도 2020년 탄소중립을 선언하고, 2023년 탄소중립 달성을 위한 '제1차 국가 탄소중립·녹색성장 기본 계획'을 수립하였다. 또한 '2030 국가 온실가스 감축 목표NDC 이행 로드맵'을 확정하였다.

그림 2-13. 제1차 국가 탄소중립·녹색성장 기본 계획
(국가탄소중립녹색성장위원회, 2023)

중장기 감축 목표

2030년까지 온실가스 40% 감축 달성

2018년 727.6백만 톤 ▶ 2030년 436.6백만 톤

부문별 감축 목표			
전환	석탄발전 감축 원전+재생에너지▲ 수요 효율화	산업	핵심기술 확보 기업 지원 배출권 고도화
건물	제로에너지 건축물 확대 그린 리모델링	수송	무공해차 보급 철도·항공·해운 저탄소화
농축수산	저탄소 농업 구조 전환 어선 및 시설 저탄소화	폐기물	지속가능한 생산·소비체계 자원 순환이용 확대
수소	청정수소 공급 확대 수소 활용 생태계 강화	흡수원	산림순환경영 내륙·연안습지 복원 및 보호
CCUS	법령, 저장소 증 인프라 마련 기술 확보 상용화 R&D	국제 감축	민관합동 지원 플랫폼 부문별 사업 발굴 및 이행

이에 따라 산림부문에서는 국가 전체 감축 목표인 2억9,100만 톤 중 11%인 3,200만 톤 감축에 기여하는 것을 목표로 하고 있다. 산림이 흡수원 부문의 95.5%를 담당하는 핵심 탄소 흡수원이다. 이 목표를 제대로 수행하기 위해서는 산림의 이산화탄소 흡수량 관리가 중요하며, 지속적으로 산림자원을 조성하고 생산·이용하는 산림자원 순환체계를 구축하는 것이 요구된다.

그림 2-14. 산림자원 순환경제(국립산림과학원, 2020)

① 자원 조성·육성	산림자원의 생산성 향상을 위해 다양한 수종의 우량 품종 육성
② 산림 경영·계획	치산치수와 산림자원의 유지·증진을 위해 숲 경영
③ 목재 생산	노령화된 나무는 적기에 벌채해 목재로 활용
④ 목재 운송	생산된 목재는 육로, 선박 등으로 운송
⑤ 1차 가공: 제재목	벌채된 목재는 1차 가공을 통해 제재목으로 생산
⑥ 바이오에너지	목재 부산물을 가공해 친환경 바이오에너지로 이용
⑦ 1차 가공: 펄프	목재를 기계·화학적 방법으로 처리해 셀룰로스 추출
⑧ 2차 가공: 목재가공물	제재목을 활용해 목재가공품 제작
⑨ 목재 유통	가공된 목재제품들을 필요한 곳으로 유통
⑩ 목재 소비	생산된 목재를 다양한 방식으로 소비

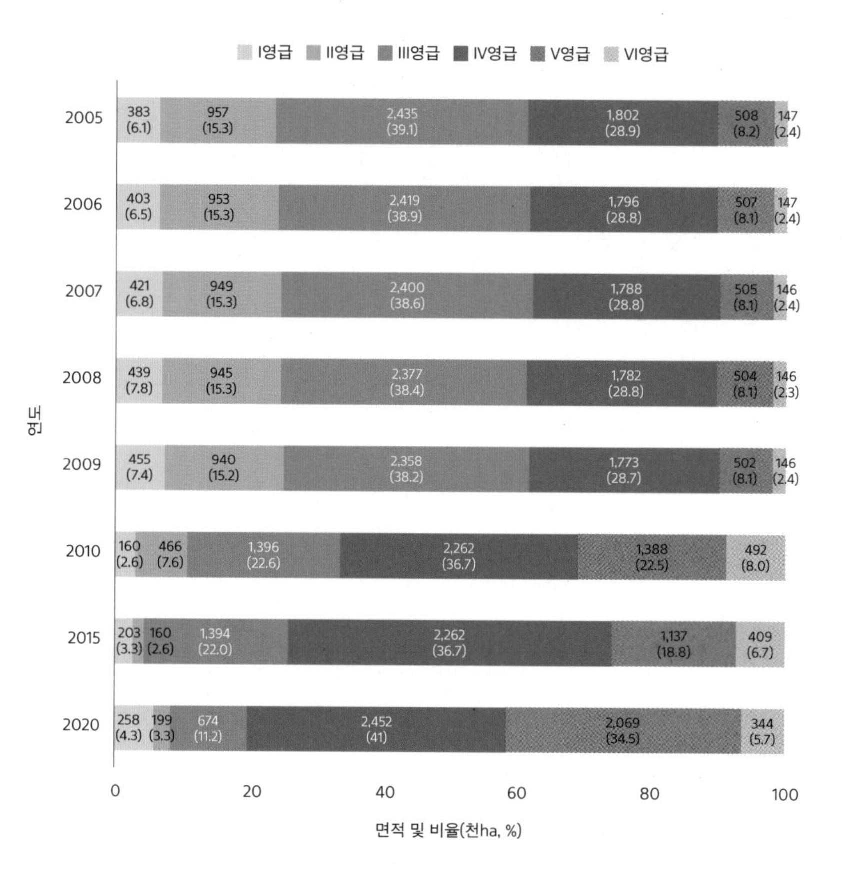

그림 2-15. 우리나라 산림의 영급(연령) 구조 변화(산림청, 2021)

산림자원 순환경제에서 지속가능한 산림순환경영은 매우 중요한 부분이다. 나무는 일반적으로 나이가 들수록 흡수할 수 있는 이산화탄소의 양이 감소한다. 우리나라는 현재 숲의 영급 구조가 불균형한 연령 분포를 이루고 있어 이산화탄소 총 저장량은 지속적으로 증가하는 반면 순수 탄소 흡수량은 점차 감소하고 있는 추세이다. 국립산림과학원은 2050년이 되면 우리나라 산림면적의 70% 이상을

51년생 이상의 나무가 차지할 것으로 예상하고 있다. 이에 탄소 흡수 기능이 낮아진 나무들을 수확하여 목재제품으로 활용하여 탄소를 저장하고, 나무를 벤 자리에 다시 탄소를 많이 흡수할 수 있는 어린 나무를 심어서 탄소 흡수원의 기능을 극대화할 수 있을 것이다.

지속가능한 산림순환경영을 활성화하려면 나무를 심고 베는 것뿐만 아니라 남겨지는 산림에 대한 지속적인 관리가 중요하다. 이를 통해 나무의 생장은 촉진하고 탄소 흡수량이 증진될 수 있도록 할 수 있다. 국립산림과학원에 따르면 숲가꾸기와 같은 산림 관리를 통해 목재생산, 이산화탄소 흡수·저장, 수원 함양의 직접 편익과 하층 식생 및 야생동물 변화, 산림휴양 및 치유, 병해충 발생 등의 간접 편익도 기대할 수 있다.

2030 국가 온실가스 감축 목표의 산림부문 기여량 감축을 이행하기 위해서는 산림의 탄소 흡수 능력 강화, 목재 및 산림바이오매스 이용 활성화, 산림 탄소 흡수원 보전 및 복원 등의 다양한 정책들

그림 2-16. 숲가꾸기를 통한 수해 예방 효과(국립산림과학원)

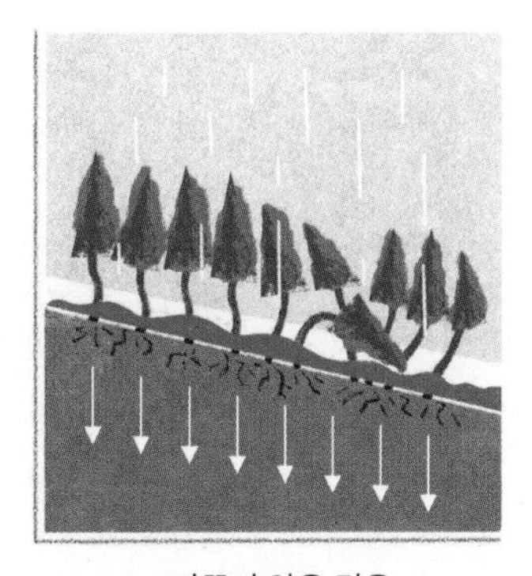

가꾸지 않은 경우

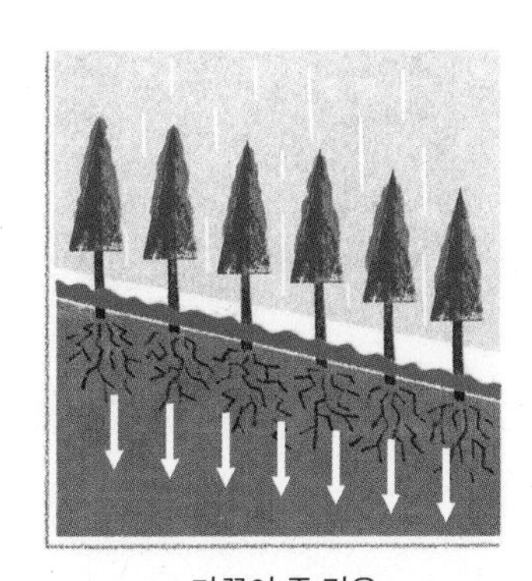

가꾸어 준 경우

을 중점적으로 추진하여야 한다. 산림의 탄소 흡수 능력 강화하려면 경제림 중심의 규모화·집약화된 산림경영, 산림 기능별 숲가꾸기 및 친환경 목재수확의 확대를 통한 지속가능한 산림순환경영 활성화를 실현해야 한다. 또한 목재 및 산림바이오매스 이용을 활성화하려면 목재 수급 선순환 체계 구축, 숲가꾸기 등 미이용 산림바이오매스 수집 및 지속가능한 국산재 이용 방안을 마련해야 한다. 산림 탄소 흡수원 보전 및 복원을 위해 산불진화임도를 확충하여 산림재난을 최소화하고, 지구온난화 완화 및 감축 잠재력이 높은 수단으로 제시되고 있는 혼농입업 활성화에 힘써야 할 것이다.

이상의 온실가스 감축 방안을 실현하기 위한 선결 조건은 모두 산림경영 기반시설인 임도를 갖추어야 한다는 것이다. 임도를 통해 인력과 장비를 투입하여 나무를 심고 가꿔 숲을 건강하고 가치있게 키울 수 있다. 임도를 통해 임업기계화를 실현하면 쓸모 있게 자란 나무와 자원을 저렴하게 생산하고, 탄소를 저장한 목재제품을 생산하여 국민이 누리게 할 수 있다. 또한 주요 탄소 흡수원인 산림자원을 보호하고 국민 안전을 위해 산불 등 산림재해를 예방하고 대응할 수 있다.

산림바이오매스

바이오매스란 지구상에 존재하는 모든 동식물을 포함한 유기물을 말하며 이 바이오매스를 이용하여 얻는 연료나 에너지를 바이오에너지라고 부른다. 그 중 산림바이오매스는 이산화탄소와 태양 에너지를 이용한 광합성 과정을 통하여 목질 자원으로 저장되는 효과적인 에너지 저장 시스템이다.

목질계 고체 바이오연료 가운데 가장 많이 사용되는 펠릿은 톱밥이나 대팻밥 등을 고온 및 고압 상태에서 작은 구멍으로 배출해 만드는 것으로, 제조 원리는 비교적 간단하고 크기는 동물 사료와 유사하다. 펠릿은 에너지 밀도가 높고, 저장 및 수송이 용이한 관계로 운송 비용을 크게 절감시킬 수 있어 지속적으로 사용량이 증가하고 있다.

독일 등 유럽에서는 목질자원을 지속적으로 공급하기 위해 생산, 수집 및 운반 체계 등에 관련된 기술을 개발해 목질계 자원의 에너지 이용 시스템 실용화 전략을 추진하고 있다. 특히 목재수확 과정에서 발생하는 산림바이오매스(벌채 부산물)의 일부(약 40%)를 임지의 양분 순환을 위해 남겨 두고 나머지는 수확하여 에너지원으로 활용하는 시스템이 현장에서 널리 적용되고 있다.

미이용 산림바이오매스는 산림경영 활동 등으로 발생한 산물 중에서 원목 규격에 못 미치거나 수집이 어려워 이용이 원활하지 않은 산물이다. 미이용 산림바이오매스는 숲가꾸기 또는 목재 수확 이후 임지 내 방치되어 버려지게 된다. 국내에서는 2019년 22만 톤, 2020년 50만 톤, 2021년 83만 톤, 2022년 118만 톤, 2023년 151만 톤으로 지속 증가하는 추세이다.

이들은 주로 에너지, 산업용 원료 물질, 소재 생산 원료 등으로 이용된다. 에너지 분야에서는 목재칩[*], 목재펠릿[**], 바이오에탄올 등으로 가공되며 소재 분야에서는 산업용 원료 물질, 대체 소재, 바이오 플라스틱 등으로 활용되고 있다.

그림 2-17. 독일의 산림바이오매스 활용 사례(국립산림과학원)

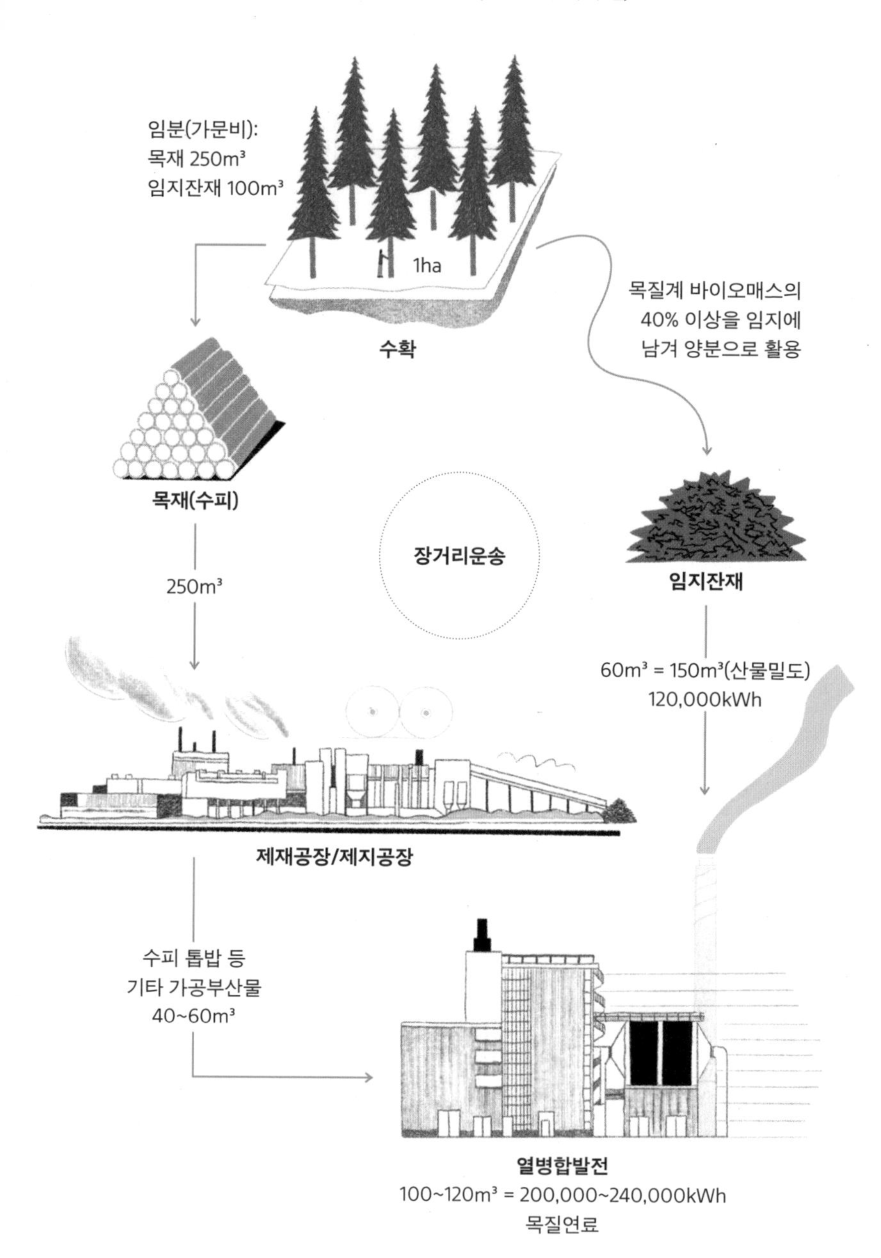

미이용 산림바이오매스를 활용하면 국내 목재 자원을 제대로 활용할 수 있다는 이점이 있고 산림 내 그대로 방치되어 대형산불의 원인이 되는 연료도 제거할 수 있다. 또 지역 내 임업 일자리를 창출하고 지역의 소규모 발전소를 통해 석탄이나 원유와 같은 화석자원을 대체할 수 있다. 이렇게 산림 내 미이용 바이오매스는 기후변화와 탄소중립 실현을 위해 대체에너지, 재생가능에너지, 청정에너지원으로 인정받고 있다.

하지만 국내에서는 기반시설인 임도망 부족과 높은 수집 비용, 한정적 이용 분야로 인해 적극적으로 이용되고 있지 못한 실정이다. 이러한 미이용 산림바이오매스를 효율적으로 수집 및 운송하기 위해서는 지역 조건 및 투입 장비에 따라 적정 시스템이 적용되어야 한다.

이러한 방법 중 주목할 것은 산림바이오매스를 압축하여 번들 형태로 현장에서 건조한 후 운송하여 목재칩으로 파쇄하는 시스템으로 별도의 압축·결속 장치가 부착된 장비를 활용하는 것이다. 미이용 산림바이오매스를 이용하여 현장에서 생산한 번들은 목재칩 형태로 가공했을 때보다 밀도가 높아 운송 효율을 높일 수 있는 장점이 있다. 예를 들어, 번들 형태는 약 450kg/m³의 밀도를 가지고 있어 목재칩보다 약 1.8배, 벌크한 생산직후 가공하지 않은 목재보다 약 3배 이상의 운송 효율을 높일 수 있다.[31]

목재생산 비용에서 임산물의 수집과 운송비용은 전체의

• 목재칩: 목재를 작은 크기의 조각으로 분쇄하여 에너지 생산에 사용하는 고형 바이오 연료. 제조된 형상에 따라 비교적 일정한 형상의 목재 연료칩(Wood Chip Fuel)과 부정형의 목재칩인 호그(Hog fuel)로 구분.

•• 목재펠릿: 원통 형상(길이 5~40mm, 최대 지름 25mm)으로 제작된 고체 바이오 연료. 사용 환경과 보일러 규모에 따라 주거용 또는 소규모 상업용과 산업용으로 분류.

그림 2-18. 산림바이오매스의 수집·가공·운송시스템(국립산림과학원)

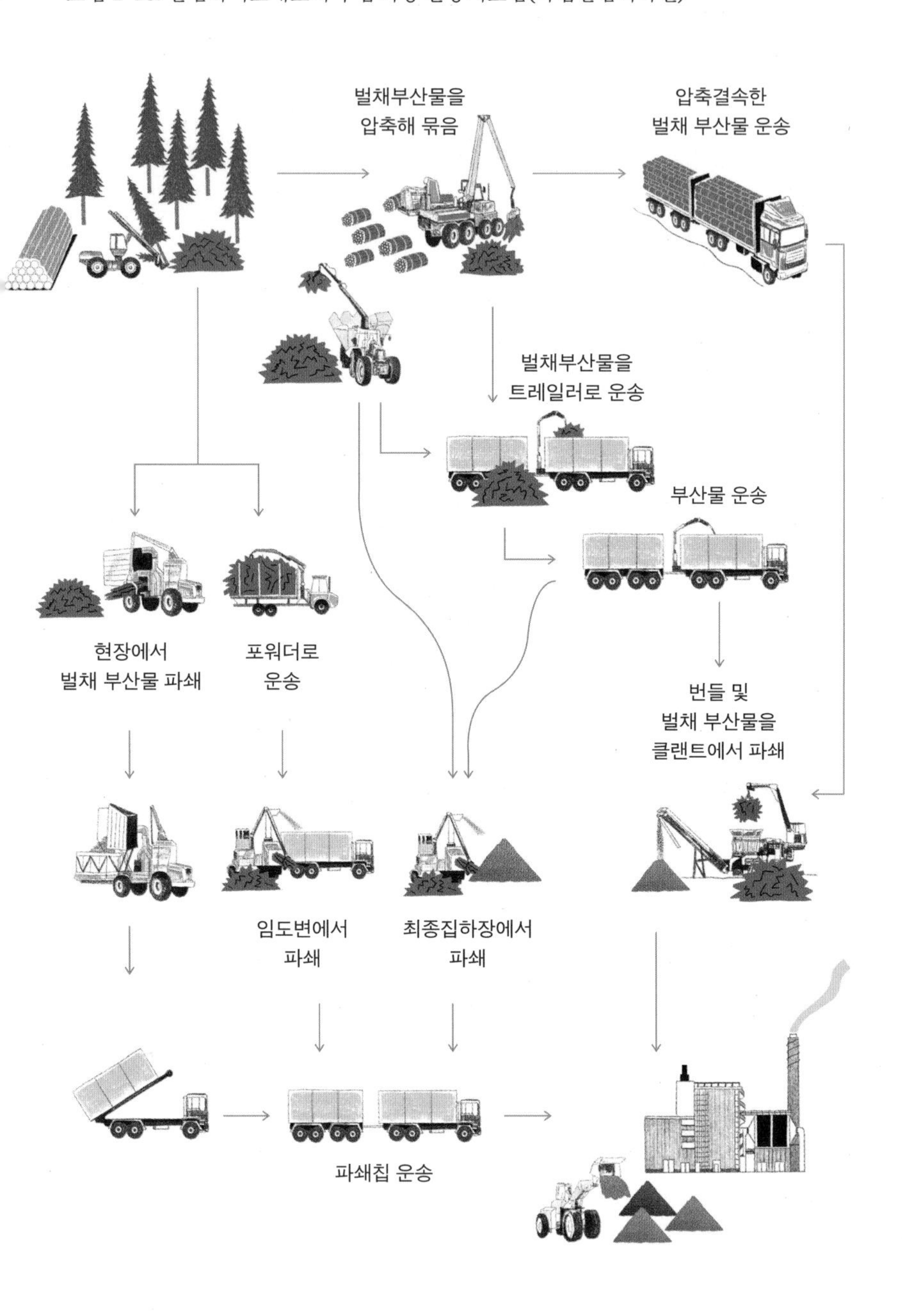

그림 2-19. 산림바이오매스의 수집·가공·운송시스템(국립산림과학원, 2011)

60~70%를 차지한다. 국산 목재 이용을 활성화하는 방법은 수집과 운송 비용을 절감하는 것이다. 임지 내 방치되고 있는 목질계 자원을 수집하여 활용하는 것은 탄소중립 실현과 국산 목재 자급률 증진에 있어 매우 중요하다. 적정 수준의 임도망을 구축하고 체계적인 기계화 시스템을 적용하기 위해서는 경제림을 중심으로 적정 수준의 임도망을 구축하고 임지 내 기계화 작업 공간을 확보해야 한다.

3

자연 환경과 임도

1. 야생동물과 도로

인구가 증가하고 도시가 발달함에 따라 지구 표면을 가로지르는 도로망도 점점 더 촘촘해지고 있다. 2019년 미국 중앙정보국CIA은 전 세계의 포장도로와 비포장도로를 합친 총누적 길이가 약 6,400만 km에 이른다고 발표하였다.[32] 적도를 따라 지구를 한 바퀴 도는 것이 4만 km가 조금 넘으니, 최소한 1,500개의 다른 길로 지구를 돌아볼 수 있는 것이다. 잘 계획되고 만들어진 도로는 사람과 사람, 도시와 도시를 연결하고 사람과 자연을 이어줄 수 있다. 사람들이 길을 만드는 이유는 길을 통해 얻을 수 있는 것이 많기 때문이다.

도로는 사람뿐만 아니라 주변 자연환경에도 영향을 준다. 간혹 잘못 개설된 도로, 그리고 관리가 제대로 되지 않은 도로는 야생동물에게 부정적인 영향을 끼칠 수 있다. 일반도로와 달리 산림 내 개설된 임도는 개설 목적, 규모, 설계 속도, 통행량 등 많은 부분에서 차이가 있다. 하지만 임도 개설이 야생동물에게 미치는 영향에 대한 연구는 일반도로에 비해 여전히 매우 부족한 실정이다. 따라서 산림지역에 개설된 일반 도로를 대상으로 실시된 해외 연구 사례•와 국내 임도의 특성을 검토하여 그 영향을 살펴 볼 필요가 있다.

도로가 야생동물에 미치는 영향

직접적 영향

일반적인 도로 환경에서 야생동물을 위협하는 가장 큰 요인은 도로를 주행하는 차량이다. 차량의 빠른 주행 속도와 많은 교통량은 로드킬road kill의 주요 원인이다. 또한 중앙분리대나 가드레일 같은 구조물은 이동에 장애물이 되어 서식지 파편화에 영향을 미친다. 대표적인 예로 플로리다퓨마*Puma concolor couguar*를 들 수 있다. 퓨마는 원래 북미 및 남미 대륙에 서식하던 고양잇과 동물이지만 현재 북미 동부지역에서는 자취를 거의 감춘 것으로 보인다. 다만 북미 동부에서 유일하게 남플로리다에만 적은 수의 개체가 살아남아, 별도의 아종으로 분류하고 플로리다퓨마란 이름을 붙여 보호하고 있다. 안타깝게도 차량 충돌은 플로리다퓨마 개체군 사망률의 10%를 차지한다.[34] 1970년대에는 플로리다퓨마가 20마리 남짓밖에 야생에 남지 않았을 정도로 상황이 심각했지만, 사람들의 보호 노력으로 개체수가 점점 증가하여 2017년에는 275마리가 있는 것으로 추정된다.

• 각 국가 또는 주(州)마다 임도에 관한 규정과 운영·관리 기준에 차이가 있으나, 미국을 비롯한 해외에서는 교외 지역의 초지나 산림지역에 개설된 도로는 묶어서 유지·관리하는 사례가 다수 있다. 이러한 도로는 너비도 우리나라보다 넓고, 완경사지나 평지의 숲에 개설된 임도는 한적한 시골의 일반도로와 크게 다르지 않은 경우도 있다.

도로가 습지와 인접한 곳에서는 차량 충돌로 인해 개구리와 도롱뇽의 사망률이 높다. 양서류는 포유류보다 체구가 작고 날 수 없어서 주행하는 자동차를 조류만큼 잘 피할 수 없다. 그래서 번식기에 자주 오가는 웅덩이 근처 도로에서 불의의 사고를 많이 당한다.

간접적 영향

충돌로 인한 사망 또는 큰 부상과 같이 직접적인 해를 입히지는 않지만 어떤 동물에게는 도로가 장벽이 되어 길 건너편으로 이동하기가 어려워질 수 있다. 새로운 지역으로 이동하지 못하면 그 동물 개체군이 유지되지 못하거나 격리될 수 있다. 스위스의 한 숲에서 모두 742마리의 날 수 없는 딱정벌레*Carabus violaceus*를 채집하여 연구를 수행하였는데 놀랍게도 단 한 마리만이 6m 너비의 도로를 건널 수 있었다.[35] 연구팀은 숲을 가로지르는 도로가 딱정벌레의 자유로운 왕래를 방해하며, 나아가 유전자의 흐름도 제한한다고 밝혔다.

미국 오레곤주에 서식하는 루스벨트엘크*Cervus elaphus*도 도로의 영향을 받는 것으로 밝혀졌다.[36] 도로에서 발생하는 교통 소음은 엘크의 일반적인 먹이 활동을 방해하고 더 많이 움직이게 하였다. 엘크는 자동차 소음을 피해 다른 곳으로 이동하여 먹이 활동을 하였고, 이러한 행동 변화는 엘크를 노리는 퓨마와 같은 포식자에게 엘크가 공격받을 위험을 높였다. 연구가 진행된 도로는 차단기로 교통을 통제할 수 있는 곳으로, 차단기가 도로를 막으면 관리 차량을 제외한 모든 교통이 통제되는 상황이었다. 연구팀은 차단기를 내려 자동차 출입을 막은 상황에서는 교통 소음이 줄어 엘크가 이동할 필요성이 줄어들고 퓨마에게 포식 당할 위험이 줄어들어 생존율이 증가했다고 보고한 바 있다. 교통 소음으로 인해 도로를 피하는 야생동물의 경우에는 교통 차단기 또는 다른 교통 통제 방법을 사용하여 동물에게 스트레스를 주는 일부 교란을 줄이는 것이 필요할 수 있다.

도로를 이용하는 야생동물

도로로 인한 환경 변화는 많은 경우 야생동물에게 부정적인 영향을 미치지만 긍정적인 경우도 있다. 도로에서 새어 나오는 빛, 도로 표면의 토양 특성, 도로에서 유출되는 물과 같은 비생물적 조건은 주변에 있는 야생동물 서식지와 다를 수 있어서 다양한 식물 종의 성장을 변화시킬 수 있다. 또한 도로 주변의 토양 침식을 제어하거나 운전자의 가시성을 높이기 위해 도로변 식생을 관리하는 것도 주변 식물 군집의 구성과 구조를 변경할 수도 있다. 이러한 변화는 야생동물, 특히 포유류에게 은신처와 먹이활동 기회를 제공하거나 이동을 촉진할 수 있다.

전문가들은 야생동물이 도로를 사용하는 이유를 파악하는 것이 중요하다고 한다. 도로가 야생동물 생태에 어떻게 영향을 주는지 이해할 수 있고, 차량 충돌 위험을 포함한 도로의 부정적인 영향을 완화할 수 있는 방법을 찾는 데에 도움을 받을 수 있는 것이 그 이유이다.

먹이 활동

야생 초식동물은 도로를 따라 분포하는 식물을 찾는 먹이활동을 한다. 도로 가장자리에서 자라는 식물은 장소에 따라 종 구성이 다를 수 있는데, 이처럼 다양한 도로변 식물은 초식동물에게 영양 높은 먹잇감이 된다. 다양한 식물이 분포하는 도로변은 그 식물을 먹이로 하는 초식동물에게 다양한 메뉴를 가진 좋은 식당인 셈이다. 동물이 더 많이 찾고 더 좋아하는 먹이 식물은 도로를 기준으로 먼 곳보다 도로변에서 더 자주 나타나기도 한다. 도로변에서 자라는 식물은 도로에서 멀리 떨어진 숲속 깊숙한 곳에서 자라는 식물보다 성장 속도가 더 빠를 수 있다. 아마도 성장 속도가 빠른 식물이 도로를 따라 유입되었거나, 도로변이 숲속보다 햇빛에 더 많이 노출되어 식물의 광합성이 더 활발하기 때문이다. 임도와 마찬가지로 일반 도로도 관리 차원에서 길가의 풀을 깎을 때가 있는데, 풀을 깎으면 초식동물이 좋아하는 다양한 초본이 더 빨리 자랄 수 있어서 초식동물이 모여들게 되는 장점이 있다.

호주의 동부주머니쥐*Dasyurus viverrinus*는 먹잇감으로 곤충을 좋아한다.[37] 야행성인 이 동물은 밤에 가로등이 있는 도로에 가면 곤충이 많다는 것을 알기 때문에 도로변을 자주 찾는다. 영국의 일부 박쥐예: *Pipistrellus pipistrellus*도 야간 '가로등 식당'의 단골손님이다.[38] 물론 이 경우는 국내 임도에 보편적으로 적용할 내용은 아닐 수도 있다. 국내 임도에는 가로등이 보편적이지 않기 때문이다. 멧돼지*Sus scrofa*는 도로변의 식물을 파헤쳐 벌레와 애벌레를 찾고,[39] 줄무늬스컹크*Mephitis mephitis*는 도로에 버려진 죽은 동물에 모여든 곤충을 먹을 수도 있다.[40] 아메리카흑곰*Ursus americanus*은 도로변 토양에 사는 개미를 좋아하기 때문에 도로에 나올 가능성이 있다.[41] 유럽에서는 너구리*Nyctereutes procyonoides*가 길가의 도랑에서 개구리를 먹는 모습이 자주 관

찰되기도 한다.[42]

무척추동물을 먹는 육식동물만 도로에 나타나는 것은 아니다. 임도나 일반도로에 초식동물이 자주 나타나면 이 초식동물을 먹는 육식동물이 도로 주변으로 모여들 수 있다. 족제비*Mustela putorius*, 이베리아스라소니*Lynx pardinus*와 이집트몽구스*Herpestes ichneumon*가 로드킬 당하는 비율은 이들에게 먹이가 되는 토끼*Oryctolagus cuniculus*의 밀도가 가장 높은 도로에서 가장 높다고 한다.[43·44] 토끼를 잡아먹기 위해 도로로 나왔다가 자동차에 부딪치는 안타까운 상황이 자주 벌어진다. 담비*Martes foina*와 오소리*Meles meles*도 토끼가 많이 사는 주변 도로에서 자주 발견된다.[45] 도로에 나오면 먹이를 찾을 수 있다는 것이 위험을 무릅쓰고 야생동물이 도로에 나오는 이유이다.

수분 공급

야생동물이 물을 마실 수 있는 중요한 장소 중 하나가 도로이다. 우제목 동물인 가지뿔영양*Antilocapra americana*은 도로 공사 도중 생긴 연못이나 길가의 웅덩이에서 물을 마신다.[46] 어떤 포유류는 도로 표면에 고인 물을 마시기도 한다. 유라시아 초원에 사는 멸종위기종인 사이가산양*Saiga tatarica*이 추운 겨울에 도로에 생긴 작은 웅덩이의 얼음을 깨며 물을 마시는 것이 관찰된 적도 있다.[47] 사바나 지역에서는 몸집이 큰 야생동물이 찾을 수 있는 물웅덩이 대부분이 도로에서 300m 이내에 위치해 있다. 그래서 야생동물은 위험을 무릅쓰고 도로를 많이 이용한다.[48]

이동 편의성

야생동물이 도로를 따라 가면 이동이 쉬울 수 있다. 임도 주변은 주변 숲속보다 식생의 밀도가 낮은 경우가 많으며 주기적으로 풀을 깎는 등 관리를 하므로 움직임에 대한 장애물이 없기 때문이다. 도로를 이용하면 길의 방향이 선형으로 정해져서 야생동물이 목적하는 방향대로 쉽게 움직일 수 있다는 장점도 있다. 숲 내부처럼 선이 아닌 면으로 펼쳐진 공간에서는 야생동물이 모든 방향으로 갈 수 있기 때문에 뚜렷한 방향성 없이 이동하는 경우가 있다. 따라서 도로를 따라 이동하는 야생동물은 같은 에너지로 숲속에서 이동하는 것보다 더 먼 거리를 갈 수 있다.

영역 표시

불곰*Ursus arctos*은 숲속보다 임도를 따라 늘어선 나무에 자신의 몸을 더 자주 문지르거나 긁음으로써 그 지역에 자신이 서식한다는 것을 알린다.[49] 스라소니*Lynx lynx*는 임도를 따라 만날 수 있는 나무나 바위에 배설물을 흩뿌려 자신이 지나갔다는 신호를 보낸다.[50] 야생동물은 번식하기 위해 배우자를 찾거나 세력권을 방어할 때, 또는 경쟁에서 우위를 점하기 위해 언제나 다른 동물의 상황을 파악하려고 한다. 다른 종이나 개체가 어떤 상황에 있는지 알기 위해 또는 내가 지금 이렇다는 것을 알리기 위해 야생동물은 신호를 받고 또 신호를 보낸다. 이런 의사소통을 위해 주로 시각 및 후각 신호를 사용하는데 긁기, 문지르기, 배설물 및 분비물 남기기 등이 대표적이다.

야생 포유류는 종종 이러한 신호를 남겨두기 위해 임도를 사용한다. 임도 주변은 그런 신호를 남기기 위한 좋은 장소이기 때문이다. 늑대*Canis rupus*의 배설물은 숲속보다 임도를 따라 더 자주 발견되는데,[51] 임도에서도 특별히 자주 발견되는 곳이 있다. 임도가 서로 교차하는 곳이거나 상대적으로 지대가 높은 곳이 그러한 곳이다. 임도가 서로 교차하는 곳은 그렇지 않은 곳에 비해 그 배설물을 다른 동물에게 시각적으로 전달할 확률이 높기 때문이다.[52] 지대가 높은 곳에 배설물을 남기면 그 냄새가 다른 동물에게 후각적으로 더 잘 전달될 수 있다.[53] 산 정상과 같이 냄새 확산을 촉진하는 곳이 배설물 흔적 남기기의 적지로 우선 선택되는 것이다. 임도를 따라 늘어선 나무나 물체도 신호 흔적을 남기기에 적합할 수 있다. 이처럼 임도는 야생동물에게 의사소통의 장으로 활용될 가능성이 높은 공간이다.

야생동물에 대한 부정적 영향을 완화하는 방법

야생동물과 차량의 충돌을 줄일 수 있는 몇 가지 방법이 있다. 가장 먼저 고려할 것은 야생동물 전문가와 협력하여 그들의 서식지와 이동 경로를 미리 조사하고, 도로를 개설할 때 야생동물의 서식이 집중되고 이동이 빈번한 곳은 피하는 것이다. 도로를 다른 곳에 개설할 수 없는 경우에 적용할 수 있는 충돌 저감 조치도 있다. 대안이 없어 그곳에만 도로를 설치해야 하는 상황이라면 야생동물이 특히 많이 이동하는 지역에서 차량 속도를 줄이도록 해야 한다. 번식기나 부모에게서 새끼가 떨어져 나와 이동 분산하는 시기는 야생동물이 가장 취약한 시기이다. 이런 중요한 시기에 도로 출입을 제한하거나 차량 감속을 의무화하는 것도 야생동물과 차량의 충돌을 피할 수 있는 매우 좋은 방법이다.

도로의 횡단 배수 시설 중 하나인 암거closed culvert는 일반도로나 임도 하부에서 지표수를 운반하도록 만든 인공 구조물이다. 이러한 암거는 다양한 야생동물이 도로를 건너는 데 사용될 수 있다. 미국 플로리다주의 페인스 프레리 주립 보호구역Paynes Prairie State Preserve에서는 상자형 암거 및 파이프 암거, 그리고 웅덩이로 구성된 야생동물 안전 시스템을 설치하여 야생동물 로드킬 사망률을 93.5% 감소시켰다.[54] 호주 뉴사우스웨일스주에서도 17종의 서로 다른 척추동물이 고속도로 아래의 차단 울타리와 함께 특수 제작된 암거를 이용하는 것을 확인하였다.[55]

규모가 큰 도로에서는 야생동물 생태 통로도 고려할 수 있다. 에코브리지Eco-bridge라고도 불리는 이 구조물은 특히 경관 전체에 걸쳐 수평적 생태 흐름의 연결성을 유지하는 야생동물을 위한 육교라고 할 수 있다. 네덜란드 중부에 설치된 생태 통로는 대형 포유류, 특히 붉은사슴*Cervus elaphus*과 멧돼지*Sus scrofa*가 자주 사용한다. 모니터링 결과, 생태 통로 설치 후 약 10년 만에 야생동물 횡단이 거의 3배 증가할 만큼 야생동물의 안전에 효과적이다.[56] 유제류, 특히 노루*Capreolus capreolus*가 생태 통로를 가장 자주 이용하는 동물이라는 사실도 보고되고 있다. 캐나다 밴프 국립공원의 생태 통로에서도 엘크*Cervus elaphus*와 사슴*Odocoileus spp.* 종류가 생태 통로를 가장 자주 사용하는 대형 포유류라고 보고하였다.[57] 야생동물 생태 통로의 장점은 암거와 비교하여 넓고 조용하며 강수량, 온도, 빛 등의 주변 조건을 유지할 수 있다는 점이다. 단, 이러한 생태 통로는 암거에 비해 크기가 큰 만큼 건설 비용이 많이 소요되는 가장 비싼 관리 옵션일 수 있다.

배수 시설과 생태 통로

야생동물의 안전한 이동을 도와주는 암거 또는 생태 통로를 설치할 때 고려해야 할 사항이 있다. 우선 안전 구조물의 설치 위치이다. 야생동물이 많이 서식하는 지역, 그리고 이들의 이동이 빈번한 지역에 설치하는 것이 중요하다. 기껏 설치했는데 야생동물이 효율적으로 이용하지 않는다면 설치한 구조물 자체가 또 다른 교란 요인으로 작용할 수 있다. 양서류나 파충류와 같이 상대적으로 더 작고 이동성이 제한된 종에게는 암거의 설치 위치가 특히 중요하다. 생태 통로의 경우도 적합한 지역에 설치되어야 하는데, 사람에 의해 지속적으로 교란이 일어나는 지역에 설치된 생태 통로는 야생동물이 잘 사용하지 않는다.

암거와 생태 통로의 크기와 모양도 중요하다. 야생동물 종마다 선호하는 크기와 모양이 다를 수 있다. 입구와 출구는 넓고 중간 부분이 좁은 모래시계 모양의 생태 통로는 멧돼지*Sus scrofa*가 정기적으로 이용하는 반면, 붉은사슴*Cervus elaphus*은 중간 부분의 좁아지는 모양에 겁을 먹는다고 한다.[58] 한 쪽 끝에서 다른 쪽 끝이 보이는 암거는 일반적으로 포식자 관점에서는 선호되는 구조물이지만, 먹이가 되는 피식자 관점에서는 선호되지 않을 수 있다. 상대적으로 작거나 경쟁에서 뒤처지는 일부 야생동물은 오히려 작고 어두운 암거를 선호할 수도 있는데, 이러한 구조물이 위험에서 탈출할 때 효율적일 수 있기 때문이다.

암거나 생태 통로에 접근하는 길목이 수관으로 덮여 있다면 일반적으로 야생동물의 이용을 촉진하는 것으로 보인다. 하지만 유제류는 열린 공간을 더 선호하는 것으로 알려져 있어 개별 종의 선호

여부를 잘 파악하는 것이 중요하다. 또한 야생동물이 암거나 생태 통로로 접근할 수 있도록 유도 울타리를 설치하거나 야생동물이 잘못된 곳으로 들어가지 않도록 차단벽을 같이 설계하는 것도 야생동물의 로드킬 완화에 꼭 필요하다. 암거 구조물 내부를 콘크리트로 그대로 둘 수도 있고, 암거 내부에 풀 등 식물을 심거나 흙을 깔아 주변 숲과의 연속성을 조금이라도 유사하게 유지할 수도 있다. 주변 서식지와 크게 구별되지 않는 조건일수록 야생동물의 안전과 활용 측면에서 더 효과가 있다.

소음 방지, 속도 제한 안내

일반도로에서 소음 수준을 점검하고 인위적인 소음이 크게 발생하지 않도록 관리하는 것도 야생동물을 위해 우리가 할 수 있는 배려이다. 암거나 생태 통로를 만들 때 소음 저감 재료를 사용할 수도 있고, 교통량을 통제하여 차량 소음을 낮추는 방법도 고려할 수 있다. 도로를 주행할 때 속도를 줄이는 것과 속도제한 표지판 또는 과속방지턱 등을 사용하는 것도 야생동물의 차량 충돌을 줄이는 데에 도움이 될 수 있다. 야생동물이 특히 많이 서식하는 지역의 임도에는 야생동물 서식 표지판 또는 야생동물 횡단 표지판 등을 설치하여 운전자가 야생동물이 주변에 있다는 것을 더 잘 인식하도록 안내하는 것도 중요하다.

임도시설의 친환경성 제고

일반도로와 비교할 때 임도를 주행하는 차량이 야생동물에 미치는 영향은 상대적으로 낮은 편이라 할 수 있다. 임도는 임업인이나 산림 관리자와 같이 특정 소수의 인원이 주로 이용하는 도로이기 때문에 차량의 통행량이 매우 적으며, 임도의 차량 주행 속도는 시속 20~40km 수준으로 로드킬 발생 가능성도 매우 낮다. 뿐만 아니라, 임도는 산지 지형에 순응하는 노선 선형을 가지고 있고, 일반도로와 비교할 때 노폭이 협소하여 서식지 파편화에 대한 우려도 낮은 편이다. 그럼에도 불구하고 임도에 의한 환경영향이 전혀 발생하지 않는 것은 아니다. 현재까지 보고된 연구 사례에서는 임도 개설 시 발생하는 소음과 공사 차량의 진출입에 따라 야생동물의 개체수가 일시적으로 감소하였지만, 시설 공사가 완료되고 주변 식생의 복원이 시작된 시점부터 다시 과거 수준으로 회복되는 것으로 나타났다.[59] 이와 관련해서 다수의 연구자가 참여하여 현재까지도 장기 모니터링을 진행하고 있다. 이 밖에도 임도 개설에 따른 임연부 효과와 무분별한 임도 개설에 따른 서식공간의 감소는 여전히 우려되는 사항이다.

숲 속에 없던 임도가 생기는 것은 야생동물에게 직간접적으로 영향을 줄 수 있다. 임도가 야생동물에게 미치는 부정적인 영향을 줄일 수 있게 노력하는 것이 우리의 과제이다. 임도 설치 계획 단계에서는 사전 조사를 철저하게 해 임도 노선이 신중하게 계획되고 합리적인 의사결정 과정을 통해 환경영향을 최소화할 수 있는 시설이 될 수 있도록 충분히 고민해야 한다. 임도가 설치 후에는 야생동물에게 어떻게 영향을 주는지 끊임없이 모니터링하고 부정적인 영향을 개선할 수 있도록 연구해야 한다. 전 세계적으로도 일반도로가 야생동물에게 주는 영향을 파악하는 연구는 많이 있지만, 숲속 임도가 야생동물에게 주는 영향을 구체적으로 연구한 예는 많지 않다. 국내의 경우는 더욱 그렇다. 야생동물 전문가, 임도 전문가, 산림행정가 및 실무자, 환경에 관심 있는 시민단체 및 지역 주민이 모두 소통하고 협력하여 산림생태계를 지속가능하게 관리하는 것이 필요하다.

노면

겨울철에는 임도 노선을 따라 야생동물의 발자국 등 이동 흔적이 많이 나타난 것을 볼 수 있다. 이를 통해 임도시설이 야생동물 서식처의 일부이자 이동로corridor로써 긍정적인 역할을 하고 있는 것을 알 수 있다.

현재 임도 노체의 안정과 주행 차량의 안전을 고려하여 급경사 또는 연약 지반 구간에서는 부분적으로 콘크리트를 이용한 노면 포장 공사를 한다. 포장된 노면 콘크리트는 빛의 반사, 태양복사열에 의한 지열 상승 등으로 야생동식물에 스트레스 요인이 될 가능성이 있다. 이러한 영향을 감소시키기 위해서 콘크리트 포장을 최소화하고 친환경 포장재료를 도입하여 활용할 필요가 있다.

배수 시설

임도에 시공되는 배수 시설도 돌이나 토사를 이용하여 환경친화적으로 설치하면 경관적으로 이질적이지 않아 야생동물에 미치는 영향을 줄일 수 있다.

그림 3-1. 임도를 이용하는 야생동물의 이동 흔적

그림 3-2. 외측 벽을 제거한 U형 콘크리트 플륨관(산림조합중앙회, 2002)

그림 3-3. 야생동물 진출입로를 반영한 측구 구조물 개념도(산림조합중앙회, 2002)

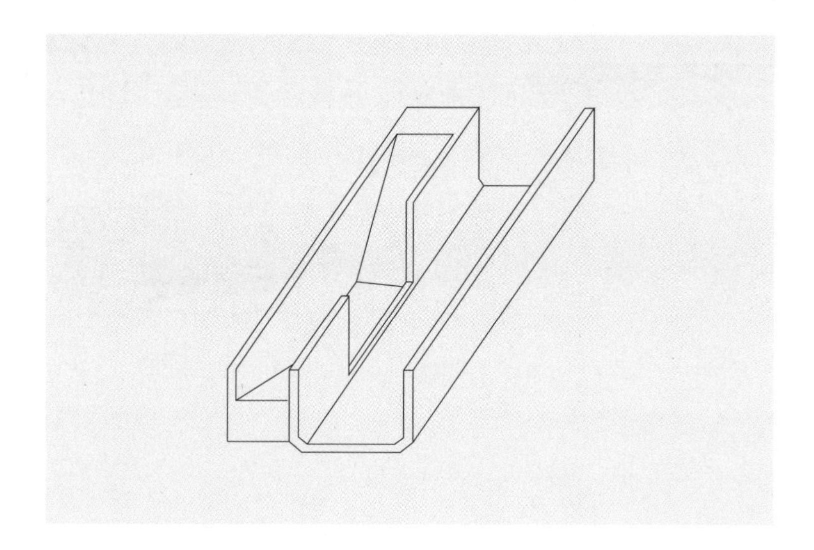

옆도랑(측구)의 경우, 과거에는 임도 시공 시 U형 콘크리트 플륨관을 많이 사용하였다. 이와 같은 형태의 배수 시설은 측벽이 수직으로 되어 있고 표면이 매끈하여 소형 동물의 이동에 큰 영향을 미치는 것으로 알려져 있다. 최근에는 이러한 영향을 줄이기 위해 흙이나 식물을 이용하여 제작하며, 측벽이 낮고 표면의 마찰력이 큰 형태로 시설되고 있다.

간혹 상자box형 콘크리트 구조물의 경우, 낙차 폭이 크고 수직벽으로 시설되기 때문에 설치류 및 양서파충류 등 소형동물이 이동하는 데 장애요인이 되기도 한다. 따라서 소형동물이 출입할 수 있는 구조로 개선하는 것이 필요하다.

사면 시설

임도 주변에 인공적으로 형성된 비탈면이 경사가 완만하고 길이가 짧다면 중대형 포유류를 비롯한 기타 야생동물의 이동 및 생활에 큰 영향이 없을 것이다. 하지만 간혹 발생하는 대규모 비탈면의 경우에는 비스듬히 오를 수 있는 경사로(이동로)를 시설하여 야생동물이 이동하는데 장해가 되지 않도록 해야 한다.

비탈면의 안정을 위해 시공하는 옹벽은 야생동물의 이동에 장애가 되며, 중소형 동물을 비롯한 대형 포유류의 이동에 큰 영향을 미칠 것으로 예상되므로 석재나 목재를 이용한 계단형 구조물을 시설하는 것이 필요하다.

그림 3-4. 임도 비탈면의 야생동물 이동통로를 이용하는 산양

그림 3-5. 대규모 인공 비탈면의 생태 이동 통로

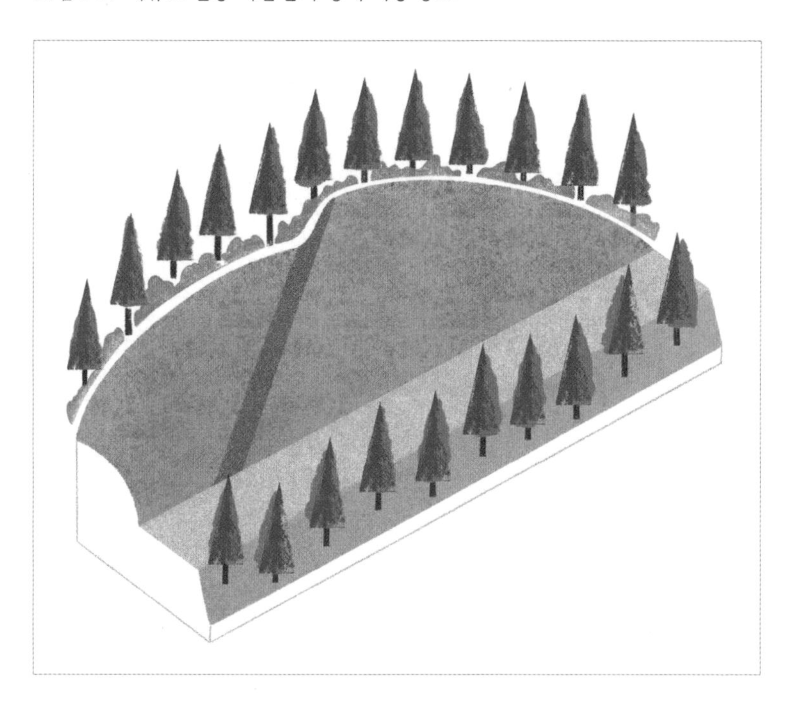

2. 식생과 임도

임도 주변 비탈면의 형성

산림의 구조는 각 임목의 생장 및 상호간 경쟁에 의한 고사 또는 생장 촉진 등에 의해 변화한다. 우세목은 공간을 차지하려는 경쟁에서 우위를 점하여 크게 자라게 되는데, 개체가 공간을 차지한 뒤 일정 크기로 자라면 주위의 다른 수목이 공간을 잃게 되어 결국 고사하게 된다. 이러한 결과를 통해 숲의 천이가 진행되는 것이다. 천이가 진행됨에 따라 환경 조건이 변화되고, 생태적 지위가 향상되며, 종다양도가 증가한다. 식생 천이는 대부분 식물의 생장량을 극대화하는 방향으로 진행된다. 일정한 공간에 분포하는 식생량이 최대로 되며 지표면으로 내리쬐는 태양의 복사에너지를 최대한 활용하는 방향으로 진행되는 것이다. 반면, 벌채와 같이 산림식생을 제거하거나 도로를 만드는 작업, 산불이나 병해충 피해 등은 자연적으로 진행되는 식생 천이의 방향을 직간접적으로 변화시키는 주요 요인이다.

그 중에서도 산림 내 임도 개설은 땅깎기 비탈면(절토 비탈면)과 흙쌓기 비탈면(성토 비탈면)을 통해 차량이나 장비 이동이 가능하도록 노면을 형성한다. 이 때 땅깎기 비탈면과 흙쌓기 비탈면까지 식생을 제거하는 작업을 실시한다. 이로 인해 미시적으로 광량, 토양인자, 기후인자, 생물인자의 교란이 발생한다. 따라서 천연기념물이나 멸종위기식물이 서식하는 산림에서는 임도 개설을 지양하고 서식처를 보전하기 위해 신중하게 접근해야 한다. 생물다양성이 감소하거나 생물종이 멸종위기에 처하는 원인은 종 자체에 문제보다는 종의 서식지와 그 종이 의존하는 다른 종의 문제로 인해 발생할 수 있기 때문이다.

비탈면의 피복

우리나라의 임도 중에서 중산간 지방에 개설되는 임도는 산지 특성상 경사가 급한 곳을 지나가게 된다. 이때 넓은 면적의 인공 비탈면이 발생하게 되며, 비탈면의 침식을 예방하기 위해 비탈면을 조기 녹화시켜 환경훼손을 최소화하도록 하고 있다.

임도가 개설되면 초기 수목에 가려진 숲 내부의 닫힌 공간이 열리게 된다. 그리고 땅깎기 비탈면과 흙쌓기 비탈면 공사로 인하여 표토가 노출되고 임도 노선 중심에서부터 양쪽으로 10~20m 면적이 열린 공간으로 나타나게 된다. 이렇게 노출된 임도 비탈면에는 주변 숲에서 식물 종자가 자연적으로 침입하여 서서히 녹화가 진행되기도 하지만 표토의 침식과 세굴을 방지하기 위하여 조기에 녹화 공법을 도입하기도 한다.

임도 개설로 나타난 인공 비탈면의 식생 변화를 살펴보면 시공 경과년수가 지남에 따라 출현 종수와 식피율이 현저히 증가한다. 임도 비탈면과 연접한 공간에서는 초본층과 관목층의 식피율이 증가하다가 점차 초본층과 관목층의 피도•는 현저히 감소하고 아교목층과 교목층의 피도가 증가한다.

일반적으로 임도 개설 초기 형성된 인공 비탈면에서는 소나무와 싸리류의 중요치가 높은 경향을 보인다. 소나무는 교목성 양수 수종으로 임도 개설 후 나타나는 1년생 및 다년생 초본과 관목층의 천이 단계를 지나 양수 수종이 우점하는 초기 천이 단계에서 쉽게 찾아볼 수 있다. 또한 온대 중부지역에서는 시공 후 몇 년 되지 않은 임도의 땅깎기 비탈면에서 싸리의 중요치가 높게 나타나기도 하는데, 이는 싸리가 양수 수종으로 건조에 강하고, 불모지나 황폐한 땅에서 잘 견디는 생육환경적 특성의 결과이다.

임도 인공 비탈면의 피복률은 개설 초기에는 20~40% 수준을 보이다가 10년이 경과하면 80% 이상을 나타내 주변 식생과 비슷한 정도의 생태 복원이 이루어지게 된다. 임도 개설로 만들어진 인공 비탈면과 인접한 사면, 그리고 임도에서 50m 떨어진 산지의 피복률과 출현 종수의 변화를 살펴보면 임도에서 멀어질수록 임도의 영향이 현저히 줄어드는 것을 알 수 있다. 임도 개설에 따른 미기후의 변화로 인해 귀화식물 및 1년생 초본류의 유입이 증가하게 되나, 시간이 경과할수록 초본류는 줄어들고 아교목 및 교목의 우점종 비율이 증

• 식물 군집을 구성하는 각 종류가 지표면을 차지하는 비율을 나타내는 양.

그림 3-6. 임도 인공 비탈면과 임연부의 식생 피복률 및 출현종수 변화(김현숙 등, 2023)

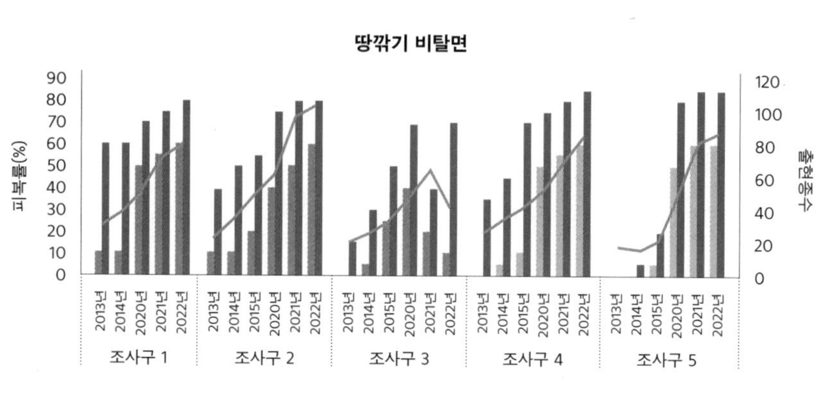

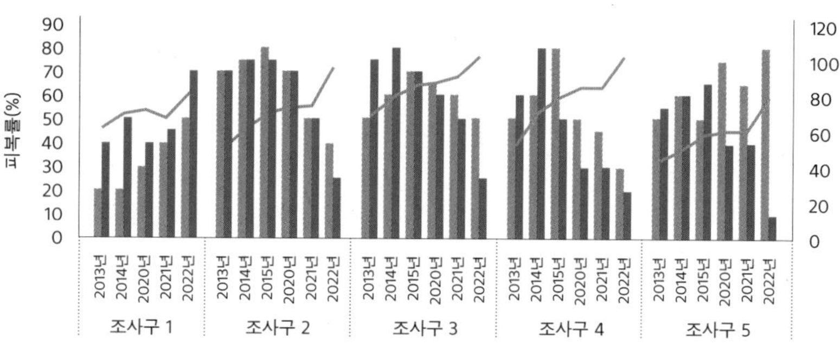

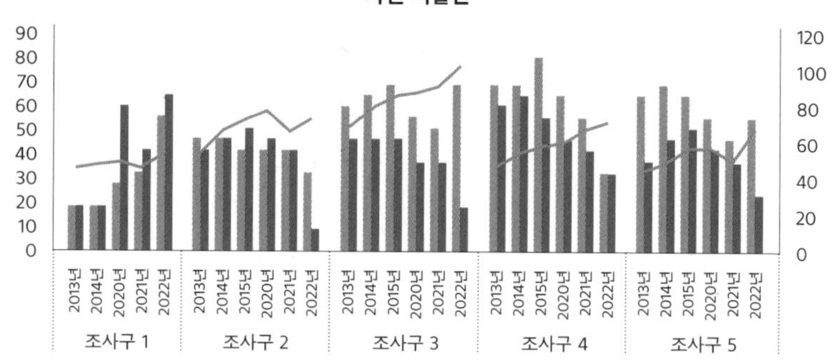

가하는것으로 나타났다. 여러 환경요인이 종의 분포와 밀접한 상관관계를 보여주는데, 임도 인공 비탈면의 식생피복에 영향을 미치는 인자로는 사면 방향과 시공 경과년수, 경사와 같은 지형, 연평균 강수량과 토양의 물리적 성질 등으로 알려져 있다.

종 다양성

일반적으로 임도 완공 이후 초기 1~3년 이내에는 평균 7~9종의 식물종이 출현하고, 4~5년이 경과한 시점에서는 평균 25.5종, 10년 경과 후에는 30종 이상의 식물종이 출현한다고 보고된 바 있다. 일부 지역에서는 임도 시공 경과년수에 따라 개설 초기에는 출현 종수와 피복률이 급격히 증가하다가 일정 시기가 지나면 감소하게 된다는 사례도 있다. 임도 개설 초기에 증가하는 개체군은 천이 초기 단계에 나타나는 1, 2년생 초본 식물이다. 또한 공사 차량의 진출입에 따라 유입되는 식물(까마중, 창질경이, 미국자리공, 붉은서나물, 미국가막사리 등)도 발생한다.

종 다양도는 일반적으로 임도의 땅깎기 비탈면과 흙쌓기 비탈면에서 차이가 있다. 땅깎기 비탈면은 유기물이 풍부한 표토층이 대부분 유실되고 암반층이 드러난 경우가 많아 주변 식생이 잘 침입할 수 없기 때문에 흙쌓기 비탈면에 비해 대부분 종다양도가 낮게 나타난다.[60]

귀화식물

귀화식물은 인간의 간섭이 자연생태계에 미치는 영향 정도를 직접 반영하는 지표로서 자생식물과의 경쟁 관계 등을 나타내기도 한다. 임도 주변에서 출현 빈도가 높은 귀화식물은 개망초, 오리새, 달맞이꽃, 호밀풀, 능수참새그령, 큰조아재비, 호밀풀, 개쑥갓, 까마중, 방가지똥, 사방김의털, 나팔꽃, 달맞이꽃, 도꼬마리, 주홍서나물, 족제비싸리, 미국자리공 등이 있다. 그 중 국화과*Compositae*나 벼과*Gramineae* 식물이 출현 빈도가 높다. 국화과 식물은 대부분의 열매가 수과로서 주로 바람에 의해서 잘 흩어져 날아가는 외부형태학적 특징이 있다. 벼과 식물은 특성상 길가의 건조하거나 햇볕이 잘 드는 양지 혹은 물이 잘 빠지고 공기가 잘 통하는 토양이 생육 조건에 적합하기 때문이다. 현재 임도 비탈면의 녹화 공법은 1년생 외래 초본을 주로 사용하고 있어 우리나라 자생종을 중심으로 녹화 식물을 선정하고, 종자를 원활하게 공급하기 위해 국내 종자 생산업체를 육성해 나가야 한다.

귀화식물의 서식 정도를 나타내는 귀화율은 임도 개설 초기 1~2년에 가장 높게 나타난다. 일반적으로 산림의 귀화율이 4% 이상으로 나타날 경우, 교란이 시작된 것을 의미하는데[61] 임도 인공 비탈면의 초기 귀화율은 보통 5%를 초과한다.

식물생활형•

같은 지역에 25년의 차이를 두고 개설된 임도를 대상으로 비교한 연구에서 전체적으로 비슷한 수준의 식물생활형이 나타난 것을 알 수 있다. 시공 후 25년이 지난 임도는 다년생 초본의 비율이 높게 나타난 반면, 개설한 지 1~2년이 지난 신설 임도는 덩굴성 식물과 관목성 식물의 비율이 상대적으로 높게 나타난다.

수목의 생장••

임도 노선에서 떨어진 거리에 따른 생장량의 특성은 소나무의 직경 DBH과 수고나무 높이 면에서는 통계적으로 유의한 차이가 없었으나, 나무의 생장 형태에서는 차이가 있었다. 지하고나뭇가지가 시작되는 높이와 수관 폭전체 나무의 폭, Crown Width은 임도 노선에서 이격 거리가 멀어질수록 차이가 발생하였다. 조사구에 따라 수목의 주요 바이오매스량이나

• 식물이 생육 환경에 적응하여 살아오면서 오랜 시간에 걸쳐 만들어 낸 모양과 기능을 유형화한 것. 식물의 생활형은 생활 양식을 반영하므로, 이를 통해 식물 군집에서의 종 조성 뿐만 아니라, 분포 비율을 통해 주변 환경 요소의 상호작용, 공존 식물들간의 경쟁, 변화 추이 등을 이해할 수 있다.

•• 수목의 생장 측면에서 임도 개설의 영향에 대한 의견은 상당히 분분하다. 임도 개설이 식생에 어떤 영향을 미치는지는 지역에 따라 다를 수 있다. 일부 지역에서는 임도 개설이 산림에 미치는 영향이 클 수 있지만, 다른 지역에서는 상대적으로 영향이 적을 수 있다. 이는 지형, 기후, 지역 생태계의 특성에 따라 다르기 때문이다. 임도 개설이 주변 숲의 생장에 미치는 영향을 알아보기 위해서는 다수의 임도 개설지를 대상으로 면밀한 연구가 필요하지만, 이 장에서는 1998년 임도가 개설된 충남 부여군의 사례 연구를 소개한다.

그림 3-7. 임도 시공 경과에 따른 식물생활형 비율

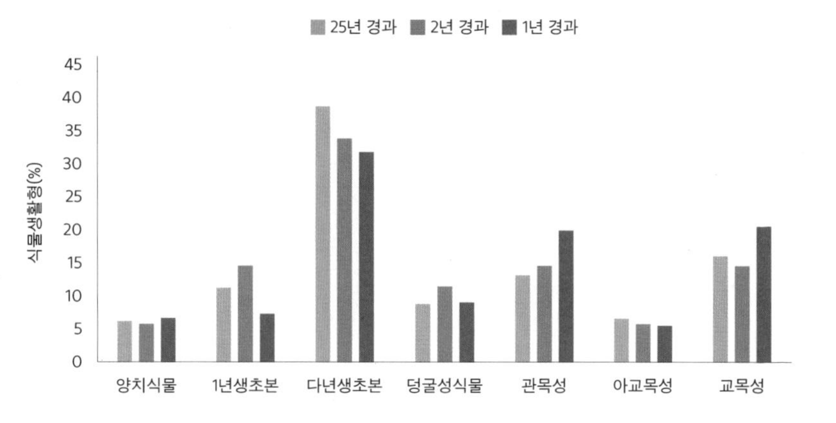

그림 3-8. 임도에서 이격된 거리에 따른 수목의 생장 특성(중부지방산림청, 2023)

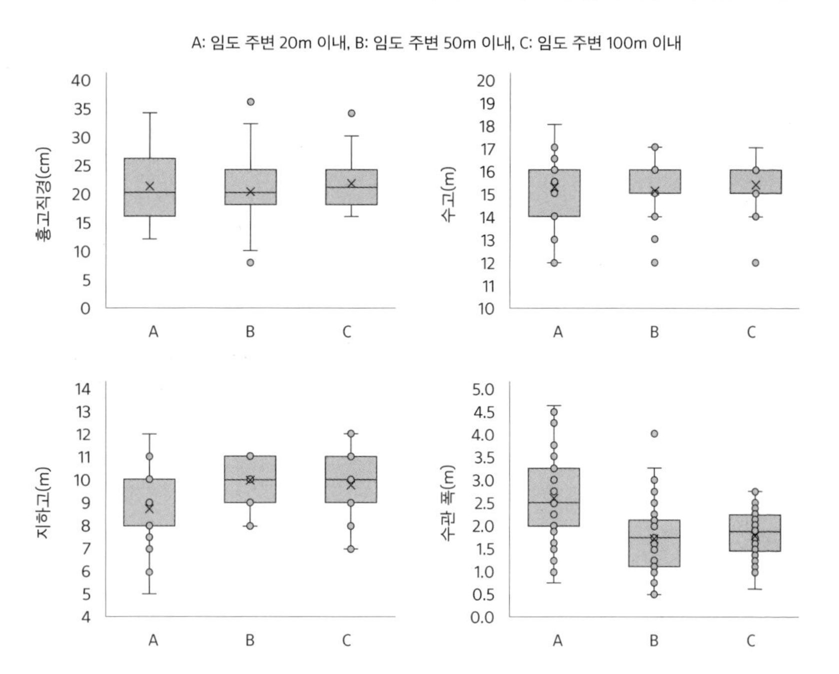

탄소 고정량을 비교할 수 있는 직경과 수고의 차이는 없었으나, 수목의 형태적 특성을 비교할 수 있는 수관층의 발달지하고, 수관 폭은 임도에 가까운 공간에서 상대적으로 발달이 우세했다.

이동평균곡선•을 이용한 생장동태 비교

1998년 임도가 개설된 소나무림을 대상으로 임도에 인접한 산림과 임도에서 100m 떨어진 산림의 생장 특성을 비교한 결과, 전체적으로 생장 그래프의 흐름은 유사한 형태를 보였다. 연구 결과를 보다 자세히 살펴보면, 임도가 개설된 이후 2년 동안은 임도에 인접한 소나무림의 생산력이 다소 낮은 경향을 보였지만 약 7~8년이 경과하면 원래의 임지 생산력을 회복하여 이전 수준으로 회복되는 것으로 나타났다.

1992~2021년 동안 기후인자와 임도의 상관 분석 결과에서 강수량은 모든 조사구의 생장곡선과 유의한 상관관계를 나타내었다. 특히 3~9월 수목생장기 강수량의 합이 가장 높은 상관관계를 나타내었다. 일반적으로 산림에서 수목 생장은 강수량에 가장 많은 영향을 받지만, 임도에 의한 영향은 다소 제한적인 것으로 추정할 수 있다.

• 이동평균곡선(RWI)은 1.0일 때 일반적인 수목의 생장량 평균을 나타낸다. 이보다 낮은 지수일 경우 평균 이하의 생장량을 나타낸다.

그림 3-9. 임도 주변 조사구의 이동평균곡선

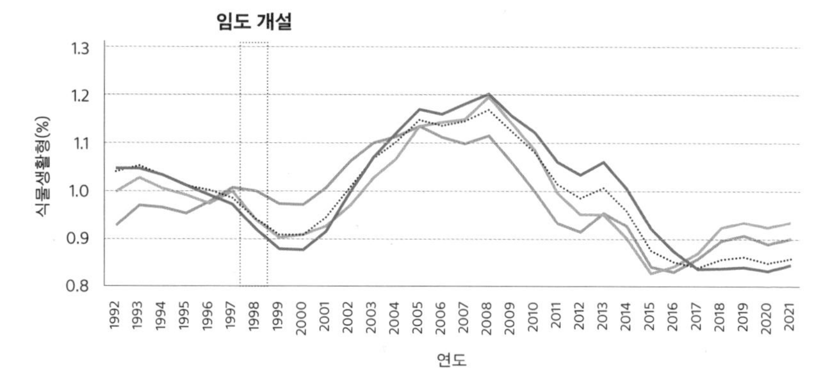

그림 3-10. Lintab 6를 이용하여 측정한 연륜

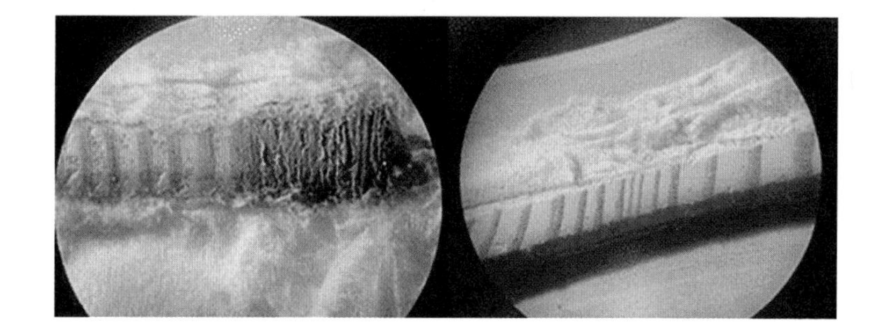

4

산림재난과 임도

1. 산불과 임도

국내 산불 발생 현황

전 세계적으로 산불 피해가 증가하고 있고, 산불의 발생도 잦아지고 있다. 해가 지날수록 기록적인 대형산불이 발생하고 있는데 그 피해는 상상을 초월한다. 2019년 오스트레일리아에서 발생한 산불은 6개월 동안 1,240만 헥타르를 태웠고, 2023년 캐나다에서 발생한 산불로 인해 1,850만 헥타르의 산림이 사라졌다. 오스트레일리아와 캐나다 산불의 피해면적은 대한민국 국토면적을 초과하는 수준으로 역사상 가장 심각한 산불 피해로 기록되었다. 전 세계적인 기후변화로 점점 산불 발생과 피해를 키울 수 있는 환경으로 바뀌고 있다. 캐나다에서 산불의 강도는 20% 증가하였고 발생 빈도도 2배 이상 잦아진 것으로 예측된다. 뿐만 아니라, 유럽과 아프리카에서도 매년 산불 피해가 증가하고 있다.

우리나라도 점점 산불이 많이 발생할 수 있는 기후로 변하고 있다. 산불이 많이 발생하는 봄철은 강수량이 적고 대기 중 상대습도가 낮으며, 산림 내부의 고사목과 잔가지, 낙엽 등 산림 부산물이 물기 없이 마른 상태여서 더욱 산불에 취약한 환경이라 할 수 있다. 바람에 따라 산불의 확산 속도가 달라지는데, 백두대간 주변에서 부는 바람인 양간지풍의 영향으로 동해안 지역은 특히 산불 예방 및 관리에 많은 노력이 요구된다.

국내에서도 2000년 이후 점점 산불의 발생건수가 증가하고 있으며, 2020년대에 들어서 산불의 발생 빈도뿐만 아니라 피해면적도 급격하게 증가하고 있다. 특히, 발생 면적이 100 헥타르 이상인 대형 산불이 증가하고 있어 산불 관리 패러다임의 변화가 절실한 시기이다.

이처럼 산불 피해가 증가하면서 산불을 관리할 수 있는 임도시설의 중요성도 주목받고 있다. 임도는 평상시에는 인력과 차량의 이동을 통해 산불 감시, 순찰과 같은 산불 예방 활동에 이용되고, 산불이 발생했을 때는 지상진화 장비와 인력 수송, 산불 확산 방지 등 산불 진화에 있어서 중요한 역할을 하기 때문이다.

우리나라뿐만 아니라, 해외에서도 임도에 대한 다양한 의견이 제기되고 있다. 유럽에서는 임도 개설이 산불 발생의 빈도를 증가시키는 원인으로 지적되기도 한다. 임도를 항시 개방하고 있는 일부 유럽 국가에서는 임도 주변에서 발화되는 산불의 빈도가 높기 때문이다. 임도 개설로 인하여 산림 내의 접근성과 이동 편의성이 증가하고 이에 따라 산주나 작업원의 산림경영 활동, 일반인들의 산림휴양 활동이 증가한 탓이다. 그만큼 산불이 사람들의 부주의에 의해 발생하는 비율이 높다. 1991년부터 2021년까지 우리나라에서 발생한

그림 4-1. 국내 산불 발생 통계(산림청, 2023)

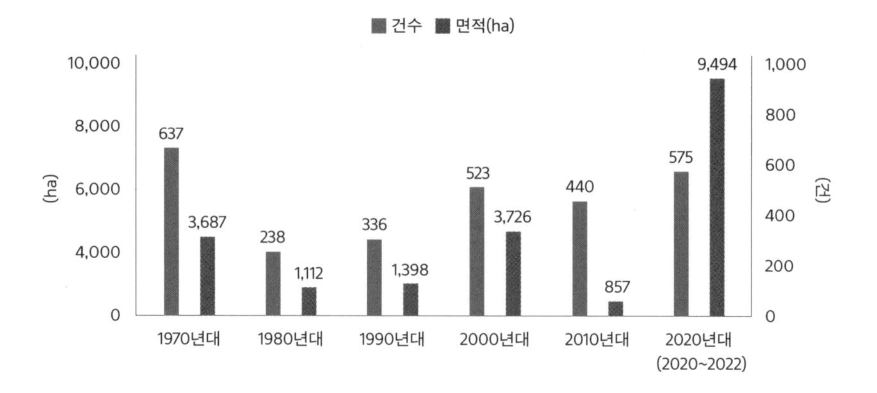

그림 4-2. 국내 산불 발생 원인(산림청, 2022)

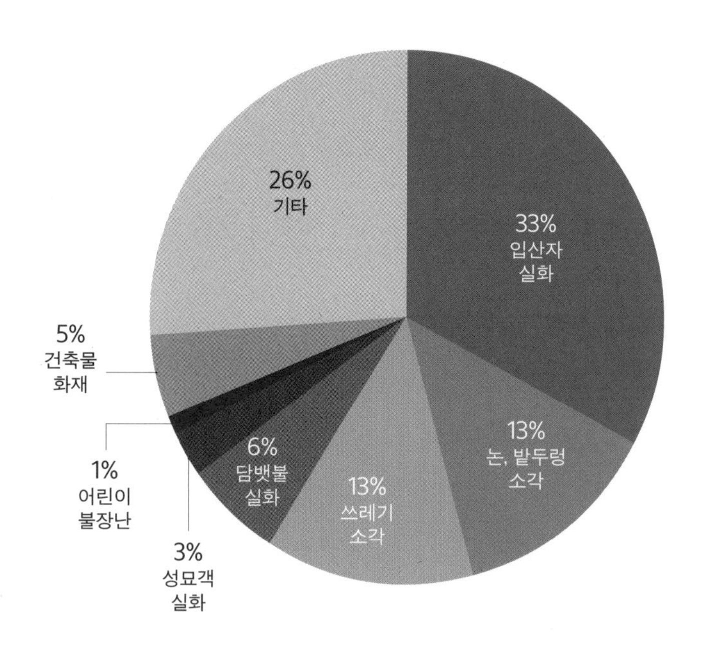

산불의 원인을 살펴보면 대부분 사람에 의해 발생했으며 그중에서도 입산자에 의한 실화가 전체의 약 33%를 차지한다. 다만, 우리나라의 경우, 봄이나 가을철 산불조심 기간에는 임도를 비롯한 주요 산림의 입산이 금지되기 때문에 임도 주변에서 산불이 발생하는 사례는 매우 낮다. 대부분 등산객이나 일반 도로의 담뱃불, 농경지 소각이 산불의 원인으로 꼽힌다.

임도의 산불 대응 효과

산불 진화에 있어서 임도는 매우 중요한 역할을 한다. 진화 인력과 장비의 이동과 접근성을 높일 수 있기 때문이다. 임도를 통한 신속한 초기 대응은 진화 작업의 효율을 높여 산불을 조기에 진화할 수 있게 한다. 무엇보다 가장 중요한 기능은 산불이 발생하면 진화대원이 빠르게 진화 지점에 도달할 수 있게 하고, 산불 진압에 실패했을 때는 진화대원이 안전하게 현장에서 탈출할 수 있도록 대피로 역할을 한다. 둘째, 산불의 강도가 낮고 바람이 약하여 진화가 비교적 쉬운 상황에서는 선형의 임도가 효과적인 방화선 역할을 수행하여 산불 확산 속도를 감소시킨다. 셋째, 임도는 산불 관리시설(감시 시설, 헬기 이착륙장, 통신중계기 등)을 연결하여 지속적인 이용과 유지 관리에도 중요한 역할을 한다. 특히, 산불 발생 위험이 높은 기간 동안 감시 인력과 관리 차량이 통행할 수 있으므로 순찰을 통한 산불 예방 활동을 수행할 수 있게 한다. 또한, 산불 발생이 감지되면 신속하게 상황을 전파하여 초동 대응을 통해 산불 피해를 저감할 수도 있다.

그림 4-3. 지표화 산불 피해지역 내 임도의 방화선 기능

지상에서 수행되는 산불 선단부의 진화 작업은 산불의 가장자리 지역에 접근할 수 있는 임도에서 시작하기 때문이다.

2022년과 2023년 경남 하동군•과 합천군••, 경북 영주시•••에서 발생한 산불 재난 상황 데이터에서 임도가 산불 진화에 활용된 사례를 찾을 수 있다. 이 세 지역에서 발생한 산불은 발화에서 진화까지

• 하동 산불은 임도 및 도로가 없었고 험준지, 암석지 등으로 인해 진화 작업에 어려움이 있었다. 진화대원 1명이 사망하면서 진화작업이 중단되기도 하였다. 다음 날 일출 이후 항공 진화작업을 다시 실시하면서 진화율이 상승하였으며, 오전 10시경 강우가 발생하여 자연진화가 완료되었다.

•• 합천 산불은 순간풍속 12m/s의 강한 바람에 의해 확산되었고 야간 산불로 전환되었으나, 임도와 마을길을 따라 지상 진화자원을 투입한 결과 진화율을 높일 수 있었다. 수관화에 의한 피해는 소나무림에서 발생하였고, 임도를 활용하여 산림수종 갱신사업을 실시한 조림지에서는 산불 피해등급이 비교적 낮은 수준으로 나타났다.

••• 영주 산불은 10m/s의 강한 바람에 의해 빠르게 확산되었고 야간산불로 전환되어 산불 진화에 많은 어려움을 겪었으나, 산림 내 임도망을 통해 야간 진화작업을 지속한 결과 다음 날 오전 진화작업을 완료할 수 있었다.

그림 4-4. 2023년 산불 피해 지역의 산불 진화 현황(한국치산기술협회, 2023)

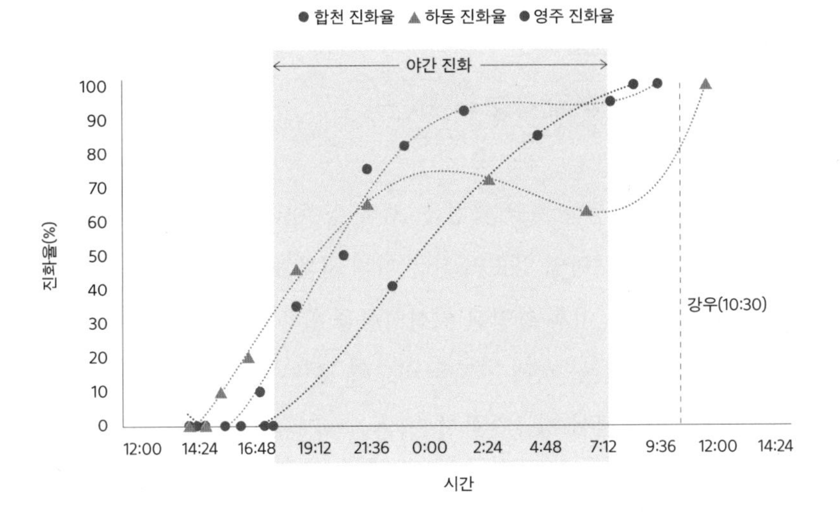

약 20시간이 소요되었다. 오후 시간대에 최초 발화되었고, 주요 진화 작업을 해가 진 이후 야간에 실시했다는 공통점이 있다. 다만 합천과 영주 지역 산불은 임도가 진화에 활용되었으나, 하동 지역에서는 산불 진화 작업에 이용할 수 있는 임도가 개설되지 않았다는 차이점이 있다.

산불의 진화 작업은 진화 헬기를 이용한 공중 진화와 진화 차량과 인력을 이용한 지상 진화 작업으로 구분할 수 있다. 일반적으로 주간 진화 작업은 공중 진화와 지상 진화 작업이 동시에 실시되나, 야간에는 헬기를 이용한 공중 진화 작업의 사고 위험이 크기 때문에 지상 진화 작업을 중심으로 실시된다. 따라서 임도시설은 산불의 야간 진화에 매우 효과적이다. 이는 방화선 구축을 통한 산불의 확산 방지 효과 증대, 진화 장비 및 인력 이동 및 수송하는 진입로로서의 야간 진화 효과 등에서 확인할 수 있다.

임도 주변의 산불 피해 강도 비교

2023년 산불이 발생한 경남 합천군, 경북 영주시, 대전광역시의 산불 피해 현황을 분석하면 임도의 산불 피해 저감 효과를 쉽게 이해할 수 있다. 산불 발생 이후 촬영된 위성영상을 활용하여 전체 피해 지역과 임도 주변의 산불 피해 현황을 비교해 볼 수 있다. 산불 발생 전과 후의 위성영상에서 정규탄화지수Normalized Burn Ratio•와 상대정규탄화지수Difference Normalized Burn Ratio••를 산출하여 산불의 피해 강도를 추정하는 것이다.

세 지역의 피해 사례를 살펴보면, 전체 산불 발생 지역의 평균 피해 강도와 비교하여 임도 주변의 산불 피해 강도가 더 낮은 것을 통계적으로 확인할 수 있다. 임도 노선에서 이격 거리 10m, 30m, 50m 지점에서 발생한 산불의 피해 강도는 전체 피해지의 평균 피해 강도에 비해 60~80% 수준으로 나타났다. 임도에서 멀어질수록 산불의 피해 강도는 더 높게 나타났다. 임도에서 50m 떨어진 산림의 피해 강도는 전체 산불 피해지의 피해 강도와 비슷한 수준의 값을 보였다. 산불의 피해 강도는 발생 당시의 기상, 대상지의 지형(산지 경사)과 산림 여건(연료 조건)에 따라 다르게 나타나기 때문에 임도가

• 단파적외선과 근적외선의 합과 차로 이루어져 산불 피해강도를 예측할 수 있는 지표.

•• 산불 발생 전과 후의 정규탄화지수의 차이로 만든 지표. 이를 통해 식생의 활력도를 탐지할 수 있다.

그림 4-5. 2023년 산불 피해 지역의 위성영상(황영인 등, 2023)

산불 이후 높은 식생 회복구역
산불 이후 낮은 식생 회복구역
피해가 발생하지 않음
약한 피해가 발생한 구역
중간 피해가 발생한 구역
심한 피해가 발생한 구역
극한 피해가 발생한 구역
— 산불 피해지 내 위치한 임도
● 산불이 시작된 지점

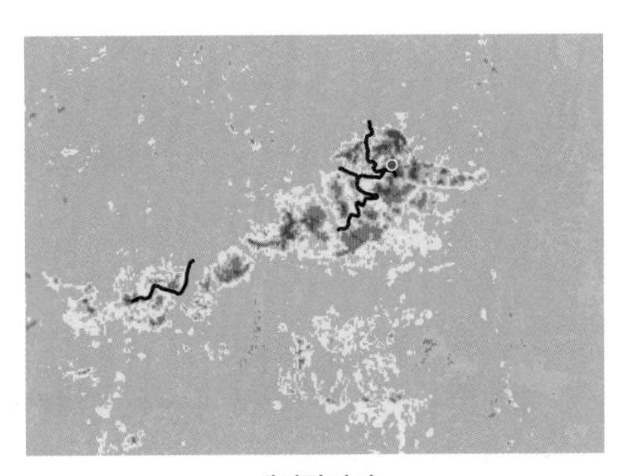

대전광역시

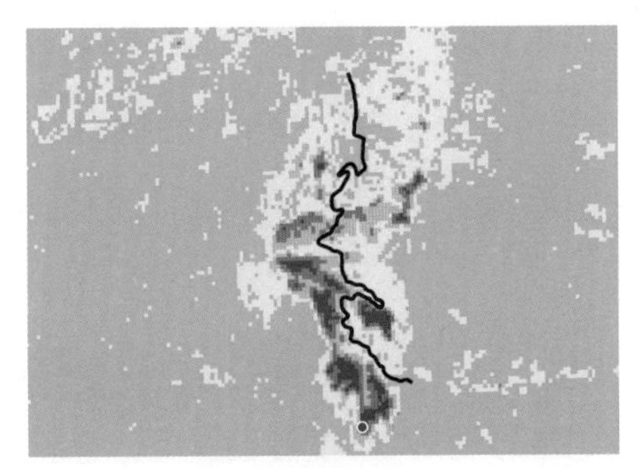

경남 합천군

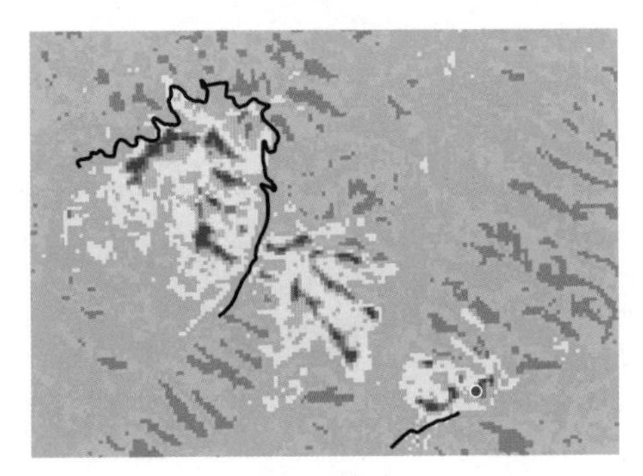

경북 영주시

그림 4-6. 산불 피해지의 이격 거리에 따른 상대정규탄화지수 비교

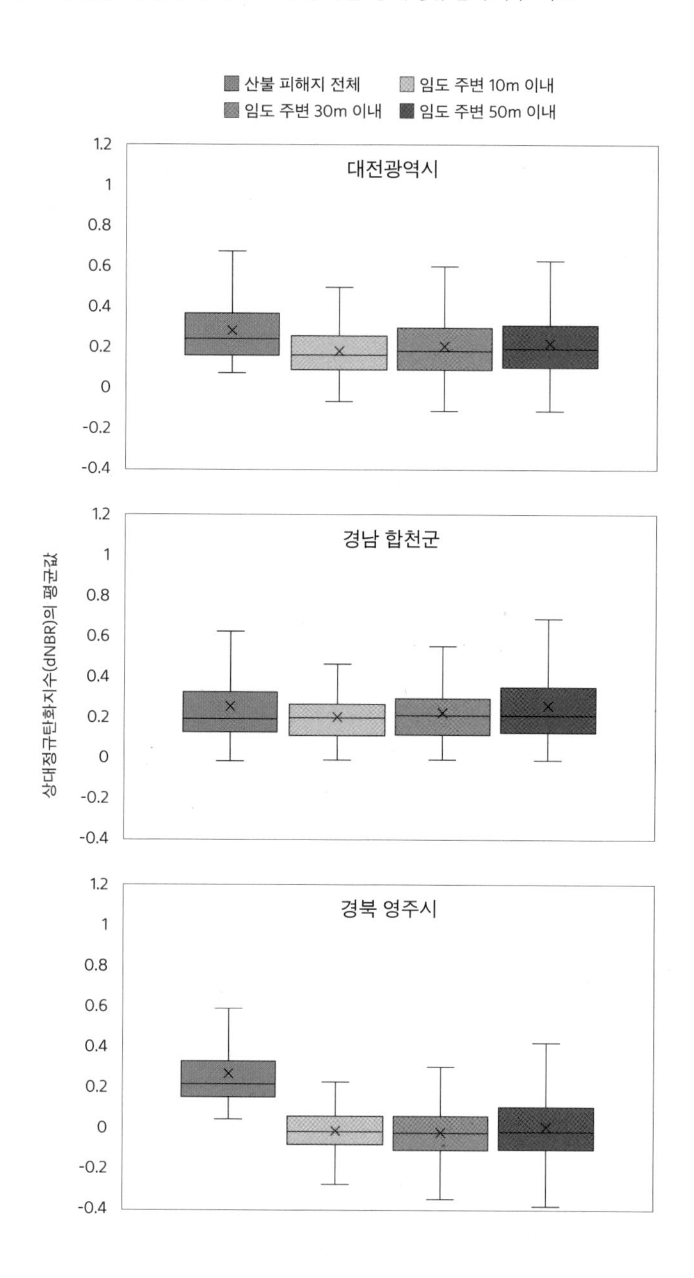

모든 산불재난 상황에서 산불의 피해강도를 감소시키는 것은 아니다. 하지만 합천, 영주, 대전의 피해지 사례로 볼 때, 임도시설이 산불 피해지에서 피해 수준을 감소시키는 공간 요소로 작용하는 것을 알 수 있다.

산불진화임도

산불진화임도는 진화 차량의 원활한 진출입과 체계적인 산불 진화 작업을 수행하기 위해 다른 임도에 비해 노폭을 확대하고 취수시설을 설치하여 효율성을 강화한 임도이다. 대형산불 발생 위험이 있는 산림에서 산불을 예방하고 피해를 줄이기 위해 지난 2020년부터 시설하고 있는 산불 관리시설이다.

산불진화임도의 역할과 기능을 활성화하기 위해서는 몇 가지의 조건이 필요하다. 먼저 산불진화차량이 주행할 수 있는 적정한 노폭이 확보되어야 한다. 또한 임도 노선을 중심으로 주변에 참나무류와 같은 내화수림대를 조성하고 산지계류를 이용한 취수시설도 필요하다.

산불 예방 및 진화를 위한 임도시설량(임도밀도)는 임도의 공간적인 배치를 나타내는 직접적인 지표는 아니므로 산불 방지 목적과 관련된 참고 지표로 이용하는 것이 바람직하다. 산불진화임도의 시설량은 산지의 지형과 경사, 산불 진화 장비의 성능과 진입 가능성 등 많은 환경 요인을 고려하여 결정되어야 한다. 현재까지의 연구 결과에 따르면, 산불 발생 위험이 높은 지역에서는 13~25m/ha 수준, 낮은 지역에서는 6~12.5m/ha 수준으로 알려져 있다.

그림 4-7. 산불진화임도 주변 내화수림 조성 개념(산림청)

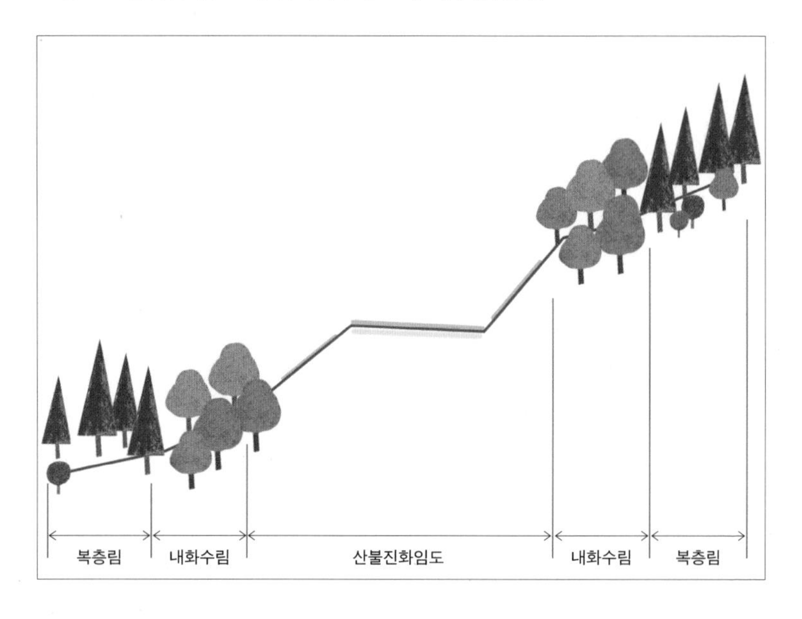

산불진화임도의 규격은 산불 진화 차량의 특성을 고려하여 결정될 필요가 있다. 산불진화임도의 가장 중요한 구조적 특징은 임도의 노폭, 노선의 종단 기울기, 노선 곡선부의 회전 반경을 꼽을 수 있으며 반대 방향에서 주행하는 차량과의 교행을 위해 차량 대피소와 같은 여유 공간도 계획되어야 한다.

전체 도로망의 배치는 산림 내 여러 지점에 쉽게 접근할 수 있으며, 차량의 진출입이 용이하도록 순환형의 연결성이 높은 형태로 노선 계획을 수립하는 것이 중요하다. 특히 앞서 언급한 바와 같이 임도를 중심으로 내화수림대를 형성하여 산불 예방과 피해저감효과를 높이는 것이 필요하다.

우리나라를 비롯하여 여러 나라에서 임도망과 산불의 관계에

그림 4-8. 임도를 이용한 산불 진화 현장(국립산림과학원)

대해 관심이 증대되고 있다. 다수의 연구에서도 산불이 발화되기 쉬운 환경에서 임도의 기능과 역할에 대해 그 중요성을 강조하고 있다.

임도를 활용한 산불 대응 정책

우리나라 임도는 1988년 '제1차 전국 임도시설 기본계획' 수립 이후 초기에는 임도의 개설량을 확충하는 것에 중점을 두었지만, 현재 시행되는 '제5차 전국 임도시설 기본계획'에서는 산림산업 생산기반시설 구축 및 재해 안전과 환경보전 강화 등 품질 위주의 정책을 목표로 변화를 모색하고 있다. 또한 산림경영 및 산불 재난 대응을 위한 임도시설을 지속적으로 확대하고 있다. 특히, 산불진화임도를 도입

표 4-1. 임도의 산불 대응 정책

연도	주요사항	내용
2020	산불진화임도(65km) 및 노폭 확장(100km) 사업 추진(국가임도)	대형산불 위험이 상존하는 동해안 지역 등의 산림재해에 선제 대응하기 위해 산불진화임도 및 노폭 확장 사업 신설
2021	산불진화임도(100km) 및 노폭 확장(100km) 사업 추진	대형산불 위험이 높고 민가 밀집 지역의 국유림 내 산불진화임도시설(100km), 기설 임도 노폭 확장 추진
2022	산불진화임도(200km) 및 노폭 확장(150km) 사업 추진	국유림 내 산불진화임도시설(150km), 기설 임도 노폭 확장 추진
2023	산불진화임도 확대(262km)	국유림 내 산불진화임도시설(225km), 공·사유림 지원(37km)

하여 대형산불 위험이 있는 산림에 특화된 임도 기준을 적용하고, 산불 진화차량이 원활하게 통행할 수 있도록 과거에 시설된 임도의 노폭을 확장하는 사업을 추진하고 있다. 국유림에만 시설하던 산불진화임도를 공·사유림으로도 확대하고 있다.

산불진화임도는 매년 대형산불이 발생하는 동해안 지역 등의 산림재해에 선제 대응하기 위하여 2020년 처음 '산불예방임도'로 계획되었다. 기존 간선임도와 작업임도의 노폭을 확장해 산불진화임도로 기능할 수 있도록 추진한 것이다. 산불진화임도의 시설 기준을 확인해보면 노폭은 최대 7m까지 시공이 가능하며, 배향곡선지의 경우 8m 이상까지도 가능하도록 규정하고 있다. 이는 산불 특수진화차량의 진입 여건을 충족하기 위함이다. 또한, 산불 발생시 이용 가능한 취수장 및 내화수림대 설치에 대한 내용도 규정하고 있다.

국외 임도 활용 산불 대응 사례

미국

2023년 9월까지 미국 캘리포니아주, 워싱턴주 등에서 88건의 대형산불이 발생하였다. 특히, 캘리포니아주에서는 발생한 산불 '딕시'는 피해면적이 36만 헥타르를 넘어서면서 역사상 최악의 산불이 될 것으로 전망되었다. 산불로 인해 1만3천여 채의 시설물이 피해를 보았으며, 1만4천여 명의 진화대원이 투입되었다.

2000년대에 들어 캘리포니아주에서는 산불 연료량을 줄이기 위한 산림사업량이 점차 감소하였다. 이는 산림 내 가연성 물질, 즉 산불 연료 증가로 이어지면서 대형산불이 확산되고 있다. 이에 따라 미국 연방재난관리청에서는 캘리포니아주의 산불 대응 역량 강화를 위해 22억 달러를 지원하여 산불 연료 관리, 산불 진화대원의 고용기간 연장, 산불예측정보센터 설립 등을 계획하고 있다. 또한, 콜로라도주에서는 아라파호 루즈벨트Arapaho-Roosevelt 국유림 내 임도를 활용하여 연료 관리 대상지 선정, 진화 자원 효율적 배치 등 진화 전략 수립 방법을 제시하고 있다. 임도가 적절하게 설계되고 유지될 경우 산불 피해를 저감할 수 있으며, 진화자원이 신속하게 진입할 수 있다. 또한, 지속적으로 산불 대응(감시, 예방, 접근 등) 전략을 개선하기 위한 임도시설 및 유지 관리 관련 연구를 추진하고 있다.

일본

일본에서는 임야청을 중심으로 산불 예방을 위한 방화임도 정비 사업을 추진하고 있다. 산림을 적정하게 정비 및 보전하며, 차량이 안전하고 원활하게 통행할 수 있도록 하기 위하여 삼림시업용과 방화용으로 구분하여 임도를 시설하고 있다. 방화용 임도는 진입 상황, 민가 등의 위치 관계, 과거 산불 발생 상황, 최근 산불 발생 빈도 및 연소 규모, 지형 및 수계 상황 등을 감안하여 설치하고 있다.

• 중국 임업초원국(National Forestry and Grassland Administration), 교통부, 국가발전개혁위원회, 재무부에서 공동으로 "국유산림농장 및 산림지역 도로의 지속적이고 건전한 발전 촉진에 관한 시행 의견(Implementation Opinions on Promoting the Sustained and Healthy Development of Roads in State-owned Forest Farms and Forest Areas)"을 발표했다.

중국

중국은 2017년 기준 국유림을 기준으로 약 37만6천km의 임도가 개설되어 있으며, 임도와는 별도로 산불 관리를 위한 산림방화도로가 약 20만km 개설되어 있다. 중국은 최근 산림경영과 자원 관리를 위해 임도의 필요성을 인식하고 임도 정책•을 추진하고 있다. 아직 교통 수준이 열악한 농산촌을 중심으로 교통로 역할을 할 수 있는 임도 개설을 우선 추진하고 있으며, 이와 함께 자치구 별로 산림지역의 산불 재난에 대응하기 위한 산불방화도로 개설을 지속적으로 추진하고 있다.

핀란드

핀란드는 체계적인 임도망을 구축해 산불 관리전략을 수립하고 이를 통해 산불 피해를 줄이기 위해 노력하고 있다. 우리나라와 산림 여건이 유사한 핀란드의 연평균 산불 발생 건수는 1,123건이고, 피해면적은 0.4ha/건으로 주변 국가••에 비해 낮은 편이다. 약 13만km 이상 길이로 개설된 임도가 산불 발생 시 진화 인력과 장비의 접근성을 향상시키고 산불 피해를 저감하는 데 긍정적인 영향을 주고 있다.

•• 스웨덴 4,280건/년(면적 2,420ha),
러시아 10,051건/년(면적 14,590,990ha).

2. 산사태와 임도

기후변화와 산림

지구온난화에 따른 기후변화

인간의 활동에 기인하는 기후변화는 기후위기를 넘어 기후재난으로 다가오고 있다. 이는 연평균 기온의 상승과 무더위, 열대야 등 극단적 기상현상의 증가에 따른 해수면 상승은 물론 홍수, 태풍, 산사태, 산불 등 자연재해의 규모 및 빈도 증가로 우리에게 나타나고 있다.

2015년 파리협정 이후, 세계는 평균 기온 상승 폭을 산업혁명 이전에 비해 2℃ 이하로 유지하는 것을 장기 목표로 하고 있으나 지구온난화는 여전히 진행 중이다. 지구 온도가 2℃ 상승하는 시나리오에서는 강우 시 하천으로 흘러드는 물의 양이 약 1.2배가 되며, 하천에서 물이 넘치는 홍수 범람의 빈도는 약 2배가 된다고 추정한다. 지구 온도가 4℃ 상승하는 시나리오에서는 홍수 발생 빈도가 약 4배나 된다고 한다.

그림 4-9. 세계의 자연재해 발생 건수 및 재해별 비율(WMO, 2021)

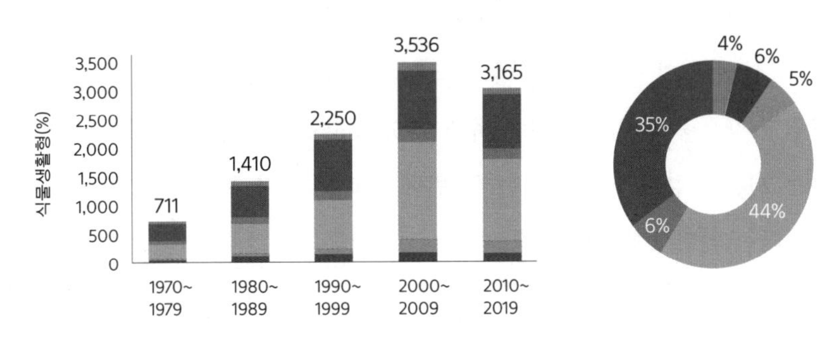

이러한 예측에 따라 우리는 미래에 더욱 규모가 큰 재해가 발생할 수 있다는 가능성에 대비해야 한다. UN의 재난위험경감사무국 UNDRR: United Nations Office for Disaster Risk Reduction은 자연재해와 관련된 이슈를 다루는 보고서를 발간하고 있다. 2023년에 발간된 보고서에 따르면, 지구온난화로 인한 이상기후 현상의 약 75%는 탄소 배출로 인한 기후변화와 관련되어 있다. 또한, 앞으로 2030년까지 전 세계는 연간 약 560건, 하루 평균 약 1.5건의 심각한 자연재해에 직면할 것으로 보고하였다.

우리나라는 대륙성 기후와 해양성 기후의 영향을 동시에 받아 계절별, 지역별로 기상 조건의 편차가 큰 편이다. 특히 하절기에 무더운 북태평양 고기압과 한랭다습한 오호츠크해 고기압 세력의 경계면이 우리나라의 동서로 자리 잡게 되며, 중국 양쯔강 유역에서 발생한 기압의 통로가 장마전선이 되어 장기간에 걸쳐 집중호우를 동반한다. 이러한 여건으로 우리나라의 여름 날씨는 짧은 시간 내에 많은 양의 비가 집중적으로 예측 불가하게 내리는 강우 특성을 나타낸다. 실제로 기상청 기상누리의 강우 자료를 살펴보면, 최근 30년 연평균 강수량이 이전 30년에 비해 135.4mm 늘어난 반면에 강우일수는 21.2일 감소하였다. 이는 한 번에 내리는 비가 폭우일 때가 잦아졌다는 의미로 해석할 수 있다.

2000년대 이후에는 기후변화로 인해 고강도의 집중호우와 장기간의 가뭄 등으로 대표되는 기상재해가 지속적으로 증가하고 있다. 이러한 변화는 산사태, 산불 등 산림재해의 원인이 되며, 장기적인 관점에서 산림의 건강성·지속성에도 부정적 영향을 준다. 특히 2010년대 이후 대형산불의 발생 빈도가 과거에 비해 크게 증가하였고, 사방댐으로 대표되는 다양한 기후변화 적응 시설을 설치했음에도 불구하고 국지성 집중호우에 의한 산사태 피해가 동시다발적으로 발생하였다. 산림청 자료에 따르면 최근 10년(2012~2022년)간 산사태로 인해 연평균 6명의 인명 피해가 발생하였으며, 그에 따른 복구에 소요된 비용이 465억 원에 달하였다. 이는 종합적이고 과학적인 대책 및 연구가 필요함을 시사한다.

지구온난화 방지를 위한 국제사회의 노력과 산림의 중요성

지구온난화라는 표현은 1972년 〈성장의 한계, 인류의 위기에 관한 로마 클럽 프로젝트 보고서The Limits to Growth, A Report for the CLUB OF ROME's Project on the Predicament of Makind〉에서 처음 언급되었다. 이후, 1985년 세계기상기구WMO와 유엔환경계획UNEP은 이산화탄소가 지

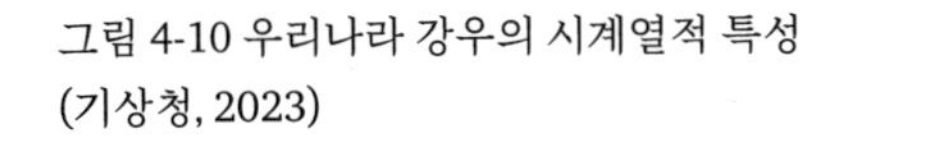

그림 4-10 우리나라 강우의 시계열적 특성 (기상청, 2023)

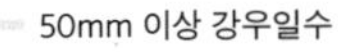

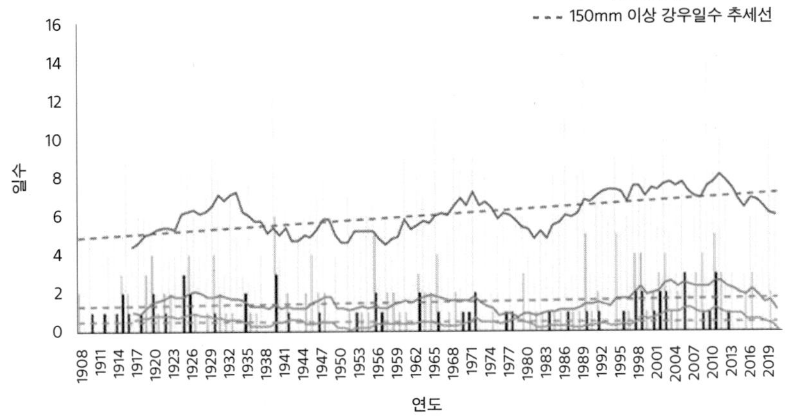

그림 4-11. 최근 10년간 산사태 피해 및 인명 피해 현황(e-나라지표, 2023)

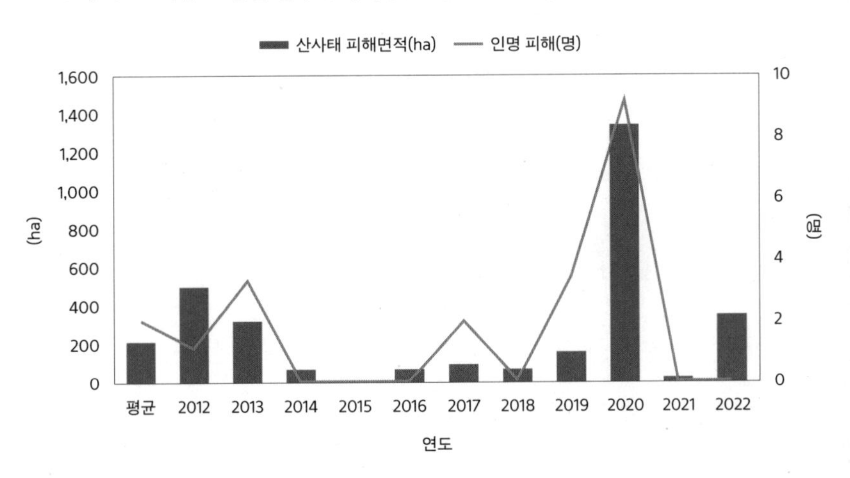

구온난화의 주된 원인임을 공식적으로 선언하였으며, 1988년에는 기후변화에 관한 정부간 협의체IPCC를 구성해 기후변화에 관한 조사와 연구를 진행하며 현재까지 다수의 보고서를 발간하고 있다. 1992년 리우 유엔환경회의에서 채택된 기후변화협약UNFCCC을 이행하기 위해 선진국에 이산화탄소 저감 의무를 부여하는 교토의정서(1997)가 채택되었으며, 선진국과 개발도상국이 모두 이산화탄소 저감에 참여하는 파리협정(2015)도 채택되었다.

탄소 저감을 위한 국제협정의 주된 내용 중 하나는 온실가스 배출량을 최대한 줄이는 동시에 남은 온실가스는 흡수하여 실질적인 배출량을 '0zero'으로 만드는 탄소중립이다. 육상생태계에 있어 최고의 탄소 흡수원인 산림은 탄소를 흡수하는 동시에 임목 생장을 통해 자원 역할을 한다는 점에서 관심이 증가하고 있다.

탄소 흡수원으로서 중요한 역할을 하는 산림은 녹색기반시설 Green Infrastructure 그 자체로 볼 수 있다. 녹색기반시설•의 핵심은 기후위기 대응, 자원고갈 방지 그리고 지속가능성이다. 그러나 녹색기반시설로서 산림 역시 기후위기에 대응하지 못하고 예측 불가능한 강우에 노출되어 산사태로 인한 피해를 보고 있다. 우리나라는 국토의 약 63%가 산지로 구성되어 있으며, 대부분의 하천이 유로연장이 짧고 기울기가 급하다. 따라서 집중호우 시 산사태 발생 위험이 높고, 산지에서 일시에 많은 물이 빠른 속도로 하천으로 유입되어 범람하는 재해 위험이 높은 특성이 있다.

• 녹색기반시설 개념은 1980년대 중반 미국의 BMP(Best Management Practice)에서 시작하였다. 초기에는 도시의 우수 처리문제를 중심으로 해결하고자 도입되었으나, 유럽연합을 중심으로 BGI(Blue-Green Infra)라 하여 도시 지역은 물론 일반 토지의 물순환 과정과 생태축 보전 및 복원까지도 포함한 개념으로 확장하고 있다.

국내 산사태 발생 경향

최근에는 지구온난화로 인해 전체 강우량이 증가하고 강우 일수는 상대적으로 감소하는 경향을 보인다. 산림청의 산사태정보시스템을 통해 우리나라의 산사태 발생 현황을 살펴보면, 국지성 집중 강우가 대규모 산사태 피해를 가져왔다는 것을 알 수 있다. 1998년에는 19일간 집중호우가 지속되었다. 2002년에는 태풍 루사Rusa, 2003년 태풍 매미Maemi, 2006년에는 태풍 에위니아Ewinia가 발생하였다. 이들은 과거 태풍 피해 순위에서 세 손가락에 꼽힐 만큼 많은 피해를 남겼다. 2020년은 국내 기상 관측 이래 최장 장마기간(54일)으로 기록되었으며, 최근에는 국지성 집중호우 수준를 넘어 그동안 우리가

그림 4-12. 우리나라의 산사태 피해면적 및 인명 피해(산림청, 2023)

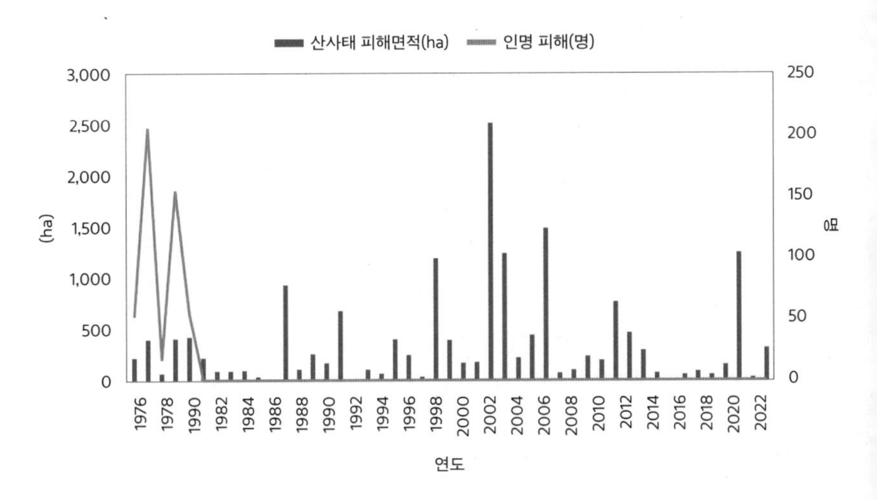

경험하지 못했던 극한호우• 수준의 비가 쏟아져 산사태 피해로 이어지고 있다. 이와 같이 예측하기 어려운 강우 현상은 대규모 산사태의 주된 원인으로 알려져 있다.

산사태 발생 원인

산사태의 발생 원인은 직접적인 원인(외적 요인)과 간접적인 원인(내적 원인)으로 구분한다. 직접적인 원인으로는 강우를 꼽을 수 있다. 우리나라는 연평균 강수량의 70% 이상이 6월에서 9월까지의 기간에 편중되어 있는데 이 시기에 발생하는 장마·태풍 등에 의한 집중호우가 산사태의 가장 큰 원인이다.

산사태는 단시간의 폭우성 호우뿐만 아니라, 강우량이 적더라도 장시간 내리는 지속성 강우에 의해서도 발생한다. 우리나라는 두 가지 강우 양상을 모두 고려하여 시간당 강우량 30mm, 일 강우량 100mm, 연속 강우량 200mm를 기준으로 하여 그 미만일 때 산사태 주의보를, 그 이상일 때 산사태 경보를 발령한다.

강우는 산사태의 직접적 원인이지만, 강우가 그친다고 하더라도 산사태 발생 위험은 여전히 남아있다. 이전에 내렸던 비로 인해 토양 중 지하 수위가 높아져 흙이 물을 가득 머금고 있다면 흙과 돌,

• 우리나라 기상청은 2023년 6월부터 1시간 누적 강수량 50mm 이상이면서 3시간 누적 강수량 90mm 이상인 기준을 동시에 충족하거나, 1시간 누적 강수량이 72mm 이상인 기준을 충족하는 비가 내리면 '극한호우'로 판단한다. 그동안 매우 강하게 내리는 비는 시간당 30mm를 기준으로 판단하였는데, 극한호우는 이의 2배가 넘는 비를 의미한다.

표 4-2. 우리나라의 산사태 주의보와 산사태 경보 기준(국립산림과학원, 2021)

구분	산사태 주의보(mm)	산사태 경보(mm)
시간 강우량	24 이상	30 이상
일 강우량	80 이상	100 이상
연속 강우량	160 이상	200 이상

나무의 무게만으로도 산사태가 발생할 가능성이 존재한다. 또한, 저지대나 웅덩이, 계곡으로 물이 모이면서 지표침식이 가속화되어 산사태로 이어질 수 있다. 이외에도 비가 많이 온 상황에서 지진이 발생한다면 추가로 산사태가 발생할 수 있다.

산사태의 종류

산사태(붕괴형 산사태)

산비탈의 땅 속에는 흙과 암반의 경계 부분이 있는데, 비가 많이 오면 땅속으로 침투한 빗물을 담을 수 있는 흙 속의 공간(공극)에 물이 차게 된다. 결국에는 물을 가득 머금은 무거운 흙과 암반의 접촉면에서 마찰력이 낮아져 비탈면 아래로 미끄러져 내리는 현상이 산사태이다. 산사태는 그 자체로도 인명 및 재산 피해를 발생시킬 수 있고, 토석류 발달의 원인이 되어 더 큰 피해로 이어지기도 한다.

산사태가 일어나는 지역은 대부분 암반 위에 깊이 1~2m 내외의 얕은 흙이 얹혀 있는 구조로, 비가 많이 오면 암반 위의 얕은 토층이 떨어져 내리는 표층붕괴 형태를 띠고 있다.

그림 4-13. 산사태 개념과 모식도(국립산림과학원, 2021)

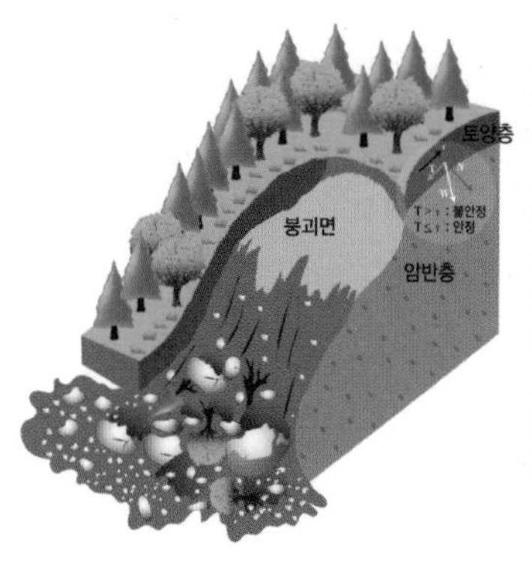

산사태 모식도

산사태 발생지 모습

토석류(유동형 산사태)

토석류는 산지 내에서 발생한 토석의 집합체가 빗물과 함께 계곡을 타고 하류로 빠르게 이동하는 현상이다. 이때 한꺼번에 많은 양의 흙, 돌, 나무를 탑재하여 엄청난 에너지와 속도(20~40km/hr)로 이동하기 때문에 하류의 민가, 농지 및 도로를 덮쳐 큰 피해를 준다.

토석류는 고정된 돌과 흙을 이동시킬 수 있을 만큼의 충분한 유량과 유속이 갖춰졌을 때 발생한다. 발생 형태는 다음과 같다.

- 사면 붕괴형: 산비탈에 산사태가 생겨서 흘러내린 토석이 물과 함께 일시에 계곡을 따라 흘러내리는 경우
- 계곡 침식형: 계곡 바닥에 쌓여 있던 토석이 홍수에 의하여 급격히 이동하면서 하류의 계곡 바닥은 물론 사면 아래쪽 기슭을 깎아 토석을 더해가며 흘러내리는 경우

그림 4-14. 토석류의 개념과 모식도(국립산림과학원, 2021)

토석류 모식도

토석류 발생지

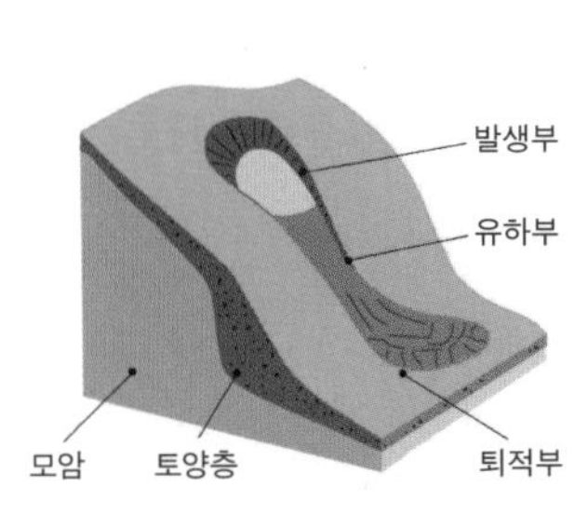

사면 붕괴형 토석류 모식도

사면 붕괴형 토석류 발생지

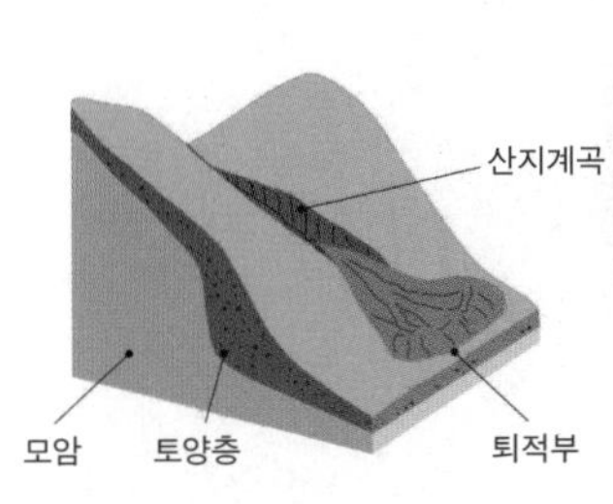

계곡 침식형 토석류 모식도

계곡 침식형 토석류 발생지

땅밀림(밀림형 산사태)

땅속 깊은 곳에서 수분이 많은 점토층이나 암반층 피압지하수의 영향으로 인하여 토층 전체가 하부로 천천히 이동하는 현상을 땅밀림이라고 한다.

땅밀림은 산사태나 토석류와 달리 강우가 없는 경우에도 발생할 수 있으며, 이동 속도가 상대적으로 느리기 때문에 이동 여부를 사전에 파악한다면 피해를 미연에 방지할 수 있다. 하지만 토층 전체가 하부로 밀려 내려오는 형태이기 때문에 산사태나 토석류보다 더 대규모 피해로 이어질 수 있다. 그러므로 발생이 확인되는 즉시 하부 위험도에 따라 긴급 복구 및 지속적인 모니터링 등의 적절한 대처가 필요하다.

그림 4-15. 땅밀림 개념 및 모식도(국립산림과학원, 2021)

땅밀림 모식도

땅밀림 발생지

임도 주변 산사태

임도 주변 산사태 피해의 특징

일정 수준 이상의 기울기가 있는 산지에 임도를 개설하면 땅깎기 비탈면과 흙쌓기 비탈면이 필연적으로 만들어진다. 임도 상부의 땅깎기 비탈면의 경우, 본래의 지반을 깎는 과정을 통해 비탈면의 기울기가 급해지는 대신에 상대적으로 견고한 땅 속의 조직이 드러나게 된다. 그러나 임도 하부의 흙쌓기 비탈면의 경우 본래의 지반 위에 흙을 쌓는 과정을 통해 비탈면의 기울기가 급해지는 동시에 상대적으로 느슨한 조직을 갖는 토층이 두껍게 형성된다. 이러한 특징으로 인해 임도 비탈면에서는 표층 토양의 유실이 발생할 가능성이 있다.

대표적인 예로 2006년 7월 태풍 에위니아에 의한 강원도 평창군 일대의 임도 피해를 들 수 있다. 태풍 에위니아는 기상 관측이 시작된 1904년 이래 역대 세 번째로 많은 재산 피해를 야기한 태풍이다. 태풍이 한반도에 상륙하여 관통하였을 뿐만 아니라, 태풍 상륙 전후로 장마와 집중호우까지 동반되어 피해가 극대화된 사례이다. 당시 강원도 평창군 일대의 임도 총 531개 지점에서 피해를 입었다. 피해 발생 위치를 구분하면 흙쌓기 비탈면에서 전체의 69%가, 땅깎기 비탈면에서 27%가 발생하였다. 즉, 태풍에 의한 임도 피해는 주로 흙쌓기 비탈면을 중심으로 발생하였으며, 주요 원인으로는 배수 시설의 기능 미비, 토공사 후 잔류 토양 처리 미숙 등 임도가 시설된 이후의 관리상 문제로 인해 발생하였다. 다만, 임도의 상부 산비탈에서 산사태가 발생하였을 때 임도의 노체가 산사태로 흘러내리는 흙과 암석을 차단하거나 저지한 피해지가 약 80개소로 전체의 15%를 차

그림 4-16. 임도 주변의 비탈면 토양 유실 현황

지하는 것으로 나타났다. 튼튼하게 설계·시공된 임도가 오히려 산사태 피해를 경감시킨 것이다.

임도 주변 산사태 피해의 원인과 대응

일반적으로 일정한 방향으로 거리가 길고 기울기가 급한 임도의 노면에서는 유수에 의한 침식이 발생하여 세굴 현상이 나타난다. 또한, 노면의 다짐 상태가 부실하거나 횡단 기울기가 충분하지 않은 경우에는 차량 및 장비의 통행에 의해 지반 침하가 발생하여 노체 및 흙쌓기 비탈면 피해로 이어진다. 더불어 임도의 종단 기울기가 적절하지 않은 구간에서는 노면 정체수에 의한 노면 침수 현상과 차량 및 장비의 바퀴 자국에 의한 유로 형성 등으로 노면 피해가 가중된다. 특히, 노면에서 배수가 불량하면 노면과 길어깨의 경계 부위에 노면수가 침투하며 길어깨의 침식 및 포장 노면과의 단차가 발생하여 세굴이 심해진다. 한편, 임도가 계류를 횡단하는 지점에서 충분한 통수단면적이 확보되지 않은 경우에는 임도의 노체 유실로 인한 비탈면 붕괴가 나타난다. 또한, 임도 상부의 계곡에서 발생된 유목 및 토석류가 임도 노면 상에 집적되어 노체를 파괴하거나 노면 유하수의 흐름을 방해하는 것이 땅깎기 비탈면 및 흙쌓기 비탈면 붕괴로 이어진다. 현재 임도의 배수 체계는 100년 빈도의 강우에 의한 홍수에 견딜 수 있도록 설계되어 있으나 최근 빈발하고 있는 집중호우는 이 기준을 넘는 경우도 많아졌다.

우리나라는 이미 개설된 임도에 구조상 혹은 기능상의 문제가 있는지를 시공 후 3년 경과된 시점에 검토하여 필요시 하자보수를 실시한다. 2000년 이후부터는 3년이 경과한 임도라 할지라도 구조와 기능상 문제가 있어 재해 위험이 높은 임도에 대해서는 임도구조개량사업을 통해 재해에 대한 내성을 갖도록 정비를 실시한다. 만일 임도가 개설된 후 10년 이상의 오랜 기간 동안 아무런 문제가 발생하지 않는다면 임도로 인한 재해 위험이 사라진 안정된 임도라고 볼 수도 있지만 2023년 7월 13일부터 18일까지 누적강수량 483mm라는 유례없던 폭우에 의해 발생한 경북 예천 산사태는 시공 후 10년이 경과한 임도 역시 피해 갈 수 없었다.

이처럼 극한강우는 산사태와 직접적으로 연관되어 있다. 기본적으로 산지는 평지와 달리 기울기가 급하므로 토양층은 중력에 의해 아래 방향으로 이동하려는 성질이 더욱 강하고, 이에 더해 과도한 수분을 머금게 되면 산사태로 이어지게 된다. 이러한 산지에 시공되는 임도 역시 극한강우의 공격에서 자유로울 수 없기 때문에 노면의 종·횡단 기울기를 적정하게 하고, 일정한 경사 방향으로의 거리를 짧게 하며, 노면의 다짐을 철저히 하고, 계류를 횡단하는 구간의 통수단면적을 충분히 확보하는 등 가능한 한 재해에 강한 구조와 형태로 만드는 것이 무엇보다 중요하다.

재해 대비책

재해는 영어로 hazard 또는 disaster라고 한다. 재해과학 분야에서는 지진, 화산 분화, 태풍, 홍수 등과 같이 인위적 노력으로 예방하기 어려운 자연현상에 대하여 주로 hazard를 사용하며, 방재 분야에서는 hazard에 의해 발생되지만 어느 정도 예방 가능한 인명 및 재산 피해에 대하여 disaster라는 단어를 사용한다. 예를 들어 거대한 태풍이 한 섬을 직격하더라도 그 섬에 사람이 살지 않는다면 태풍이라는 재해hazard 요인은 존재하지만, 인명 및 재산상의 피해가 발생하지 않았기 때문에 재해disaster가 발생한 것으로 보지 않는다.

최근 갑론을박甲論乙駁의 대상인 "임도가 과연 산사태 재해의 원인인가"에 대한 논의 역시 hazard와 disaster의 관점에서 생각해 볼 필요가 있다. 앞서 설명한 바와 같이 임도는 산림관리를 위한 필수 기반시설이므로 임도 자체가 재해hazard 요인은 아닐 것이다. 다만, 태풍이나 강우 등의 hazard가 발생할 경우 임도가 인명 및 재산 피해를 가중시킬 수도 있다는 점에서 잠재적인 disaster 요인 중 하나일 수는 있다. 이는 숲 속의 송전탑, 풍력발전시설, 야영시설, 군부대 등도 마찬가지다.

임도는 산림이라는 험준한 공간에 설치되기 때문에 일반도로나 농로에 비하여 비탈면 기울기가 상대적으로 급하게 조성될 수밖에 없는 것이 사실이다. 이렇게 불리한 조건 아래 매년 반복되는 고강도의 집중호우로 인한 비탈면 침식은 임도가 가지고 있는 여러 이로운 기능을 저하시킬 뿐만 아니라 임도 주변의 자연환경에 악영향을 미칠 수 있다.

이러한 문제를 해결하기 위해 우리가 우선적으로 갖추어야 할 것은 끊임없이 우리를 위협하는 재해에 대하여 가능한 범위 내에서 미리 예측하여 대비하고, 피할 수 없는 재해일 경우에는 피해를 최소화하며, 이미 닥친 재해는 가능한 짧은 시간 내에 복구할 수 있는 능력이다. 더불어 임도 사업을 원활히 추진하는데 있어 현재 현재의 임도 설치 및 관리 체계에 내재해 있는 보완점을 정확히 파악하여 과학적이고 체계적인 임도 설치·관리를 위한 추진 전략을 새롭게 마련하는 것도 필요하다. 결과적으로 임도 역시 개설 그 자체에 대한 논쟁보다는 hazard에 대한 내성이 강한 임도를 개설하여 disaster로 이어지지 않도록 하는 것이 앞으로의 커다란 과제일 것이다. 이제 그를 위한 구체적인 방법에 대한 논의가 필요한 시점이다.

3. 산림병해충과 임도

소나무재선충병

피해 현황

기후변화는 산림 식생에도 심각한 영향을 미친다. 산림생태계를 건강하게 보전하기 위한 병해충 예방 및 신속 대응에 대한 필요성도 증가하고 있다. 기후가 점점 변하고 국가와 지역간 물리적 거리가 줄어들고 새로운 종의 유입 가능성이 증가하여 결과적으로 산림병해충 피해도 점차 증가하고 있다. 그 중에서도 소나무재선충*Bursaphelenchus xylophilus*에 의해 발생하는 소나무재선충병Pine Wilt Disease은 우리나라 소나무와 잣나무에 심각한 피해를 주고 있다.

솔수염하늘소라 불리는 소나무재선충은 북미가 원산지이지만 동북아시아로 퍼지며 심각한 피해를 끼치고 있다. 북미 지역의 토착 소나무류는 재선충에 대한 저항성을 가지고 있어 피해가 발생하지 않지만, 동북아시아의 소나무류는 병원성이 강해 한번 감염된 소나무는 고사하게 된다. 우리나라 소나무재선충병은 1988년 부산 금정산에서 최초 발생하여 2004년 제주, 2005년에는 강원도 동해까지 피해 범위가 급속하게 확산되고 있다.

소나무재선충병 방제 작업•을 위한 고사목 제거 본수를 살펴보면, 2005년에는 약 100만 본이었고 2013년에는 200만 본(피해면적 12,000ha)을 초과하였다. 최근 점차 그 수가 감소하였지만 2021년을 기점으로 다시 증가하고 있다.

그림 4-17. 최근 10년간 소나무재선충병 피해 현황(산림청)

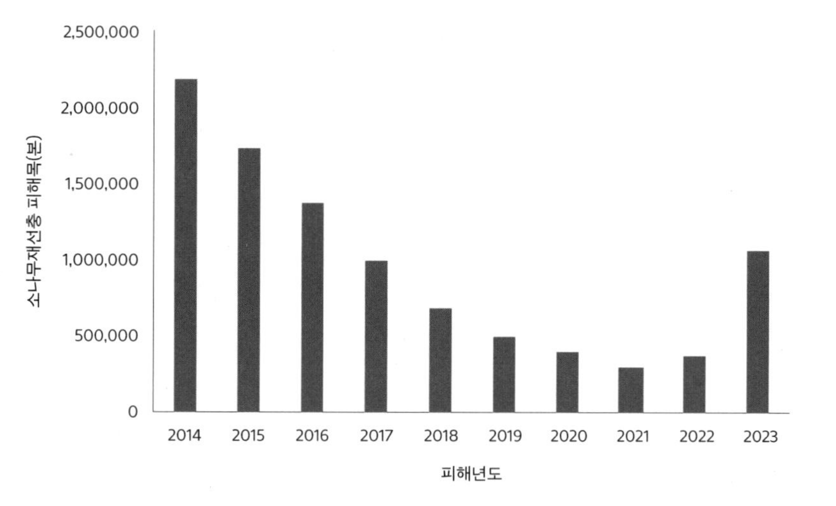

• 재선충병 방제는 예방 사업과 피해고사목 등의 방제 사업으로 구분된다. 예방 사업은 약제를 직접 투입하는 방법(예방나무주사, 매개충나무주사 등)과 약제 살포, 매개충 유인 트랩 설치, 소나무 단순림 관리로 나누어진다.

소나무재선충병 방제

우리나라는 소나무재선충병 피해목 방제를 위해 약제를 이용한 훈증 방법을 사용하고 있다. 도로나 임도 주변의 접근이 원활한 피해 지역에서는 현장에서 피해목을 파쇄하거나 소각, 매몰 처리하지만 접근성이 낮아 고사목의 운반이 어려운 경우에는 피해목에 훈증 작업을 실시하고 있다. 훈증 처리한 고사목 더미는 1~2m² 규모로 산림 내 방치하고 있어서 산불이나 산사태에 의한 2차 피해 위험이 크다.

피해고사목 방제는 현장의 피해 현황과 작업 여건에 따라 다르게 적용하지만, 대부분 벌채를 실시한다. 방제대상목은 고사되거나, 고사가 진행 중인 피해목이며, 심하게 부후되어 조직이 부서지는 고사목은 방제대상목에서 제외한다. 피해고사목의 벌채는 단목벌채, 강도간벌, 소구역모두베기 형태로 진행된다. 소나무(해송, 기타 고사목 포함) 피해고사목 그루터기는 최대한 낮게 베어 처리하고 잣나무(섬잣나무 포함) 피해고사목은 훈증 또는 박피 처리한다.

소나무재선충병 피해목 활용

소나무재선충병 피해목은 벌채 후 대부분 침전, 훈증, 매몰 처리를 한다. 매년 발생하는 대규모의 피해목[••]을 목재 자원으로 활용한다면 대체에너지 자원으로서 피해목의 활용 가치를 높이고 장기적으로 탄소중립 정책의 목표 달성에 기여할 수 있을 것이다. 특히 50만kW 이상의 대규모 발전소에서는 신재생에너지를 활용해서 발전량의 일

•• 성인 남자 가슴 높이의 지름이 20cm 정도 되는 소나무 입목의 재적은 약 0.25m³이다. 이를 기준으로 2022년에 발생한 피해목의 총재적은 약 30만m³이다.

부분을 공급해야 할 의무가 있기 때문에 피해목을 발전 연료로 활용 한다면 의무 할당량을 충족할 수 있다.

피해목에 대한 부정적인 인식은 목재 자원으로서 활용 가치를 떨어뜨리는 원인이다. 감염된 고사목이라는 이유로 산림바이오매스 자원이 시장에서는 외면 받고 있다.

훈증 처리된 소나무재선충병 피해목은 3개월이 지나면 잔류농약 및 소나무재선충이 없으므로 목재로 활용 가능하다. 또한 최대 2년이 지난 훈증목도 충분이 활용할 수 있다. 소나무재선충병 피해목은 솔잎혹파리 피해목보다 목재 강도(휨 강도 및 경도)가 양호하며,[62] 일반적인 목재 사용 허용기준 200kgf/㎠(한국산업규격)보다 높은 수치이다.

병해충 방제사업 현장에서 임도의 필요성

소나무재선충병 피해목을 활용하기 위해서는 임도와 같은 산림 접근도로가 필요하다. 피해목의 반출 작업 여건과 생산비는 임도의 시설 유무에 따라 달라진다. 임도시설의 존재에 따른 작업 비용을 시뮬레이션 한 결과, 피해목을 활용하는 가장 효율적인 작업 방법은 고성능 임업 기계를 이용하여 집재 작업을 실시하고 피해 현장에 마련된 작업장에서 현장 파쇄하여 운송하는 작업시스템이다. 임도가 개설되지 않은 곳에서는 피해목을 집재하기 위해 작업로를 일시적으로 개설하여야 한다. 그럼에도 굴삭기가 임지 내에서 주행하면서 표토 침식, 토양 교란 등 임지를 훼손할 우려가 높다.[63]

병해충 발생지 내 임도가 개설되어 있다면 임지 훼손을 줄일 수 있는 가선계 작업시스템을 활용하여 피해목을 수집하고 임도변 작업 공간을 활용하여 현장에서 목재칩이나 톱밥을 제조할 수 있어 운송 효율도 극대화할 수 있다. 방제 사업으로 인해 임지에 버려지는 목재 자원을 신재생에너지 자원으로 활용하고 산림 내 훈증되어 방치되는 목재 자원을 에너지 자원으로 활용할 수 있는 계기가 된다.

5

사회와 임도

1. 지역 소멸과 산촌

우리나라 장래 인구 추계

통계청 장래 인구 추계에 따르면 우리나라 인구는 2024년 약 5,175만 명을 정점으로 2025년부터는 감소 추세에 접어들 것으로 예상된다. 저출산에 따른 인구 감소는 국가 전체 경제 인구 감소와 더불어 연령별 인구 분포의 불균형을 심화시킨다. 이와 함께 청년층의 도시 이주 현상은 지방의 경쟁력을 더욱 약화시키고 있다. 현재 우리나라 전체 인구의 약 92%는 도시 지역(도시 면적 비율 15.9%)에 거주하는 반면, 비도시 지역인 농산어촌 거주 인구는 급격히 감소하고 있다. 인구의 도시 지역 편중이 매우 심하다는 것을 알 수 있다.

최근 저출산 기조는 더욱 심해지고 있다. 연령대별 인구 분포를 보면 청년층의 분포는 점차 감소하는 반면, 중장년층과 노년층의 분포가 증가하고 있어 인구의 고령화 현상이 심각하다. 이러한 현상은 농산촌 지역과 같은 교육·문화 여건이 부족한 지방이나 비도시 지역

그림 5-1. 우리나라 장래 인구 추계(국가통계포털, 2023; 2024)

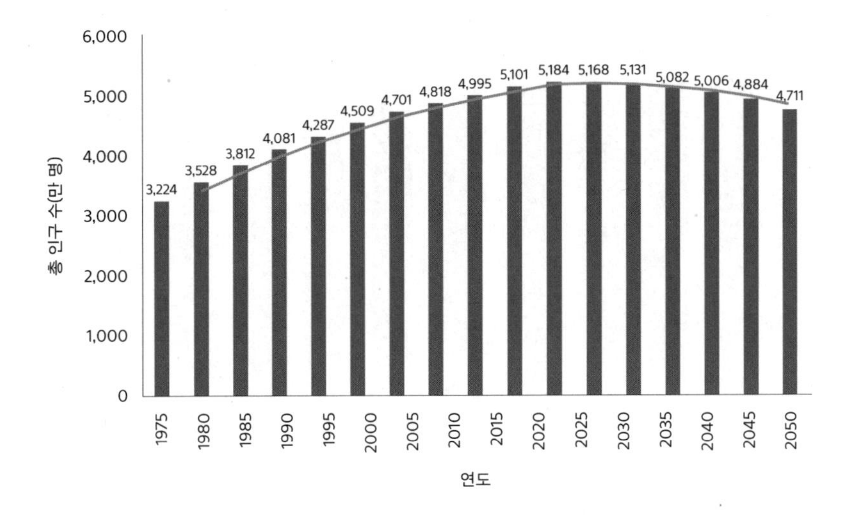

으로 갈수록 두드러진다. 지방의 인구 분포는 더욱 심각한 수준이어서, 지방 경제의 쇠퇴를 넘어서 소멸이라는 극단적 단어가 등장하고 있다.

지방 인구 분포의 불균형과 고령화 즉, 지방소멸지수는 지방의 행정구역 내 산림면적이 차지하는 비율이 높은 산촌 지역의 소멸 심각성이 높다는 것을 알려준다. 우리나라에서 산림면적이 가장 넓은 권역은 경상북도와 강원특별자치도이다. 그림 5-2에서 보는 바와 같이 산림이 차지하는 비율이 높은 곳을 중심으로 지방의 소멸위험등급도 심각한 수준을 나타내고 있다.

그림 5-2. 국내 권역별 산림면적과 비율(산림청, 2023)

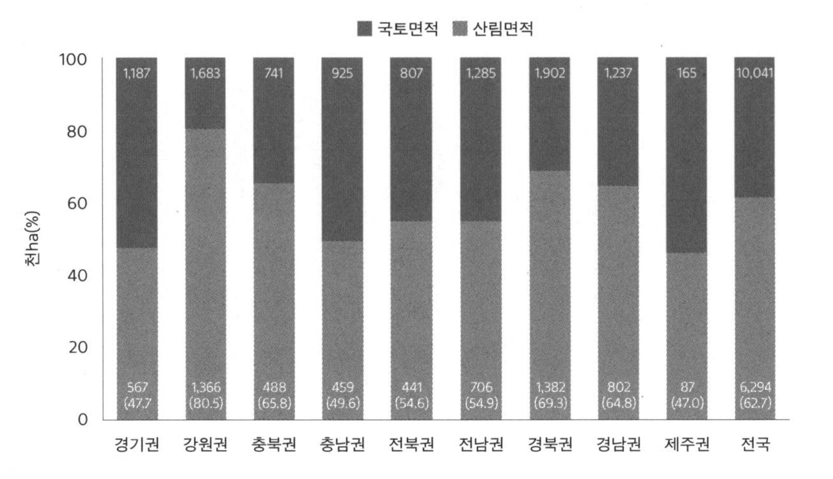

그림 5-3. 우리나라의 토지피복 분류(국토정보지리원, 2020)

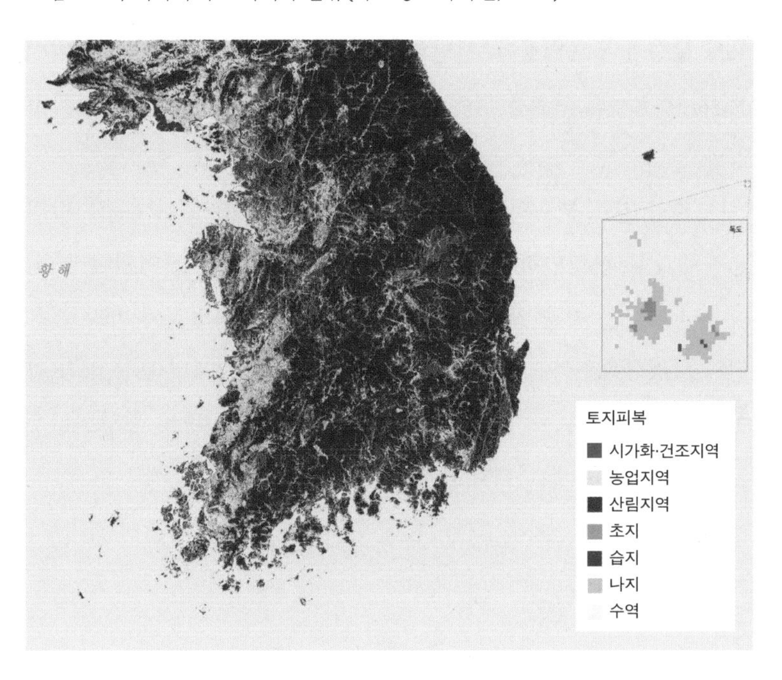

그림 5-4. 우리나라의 지방 소멸 위험 지도(한국고용정보원, 2023)

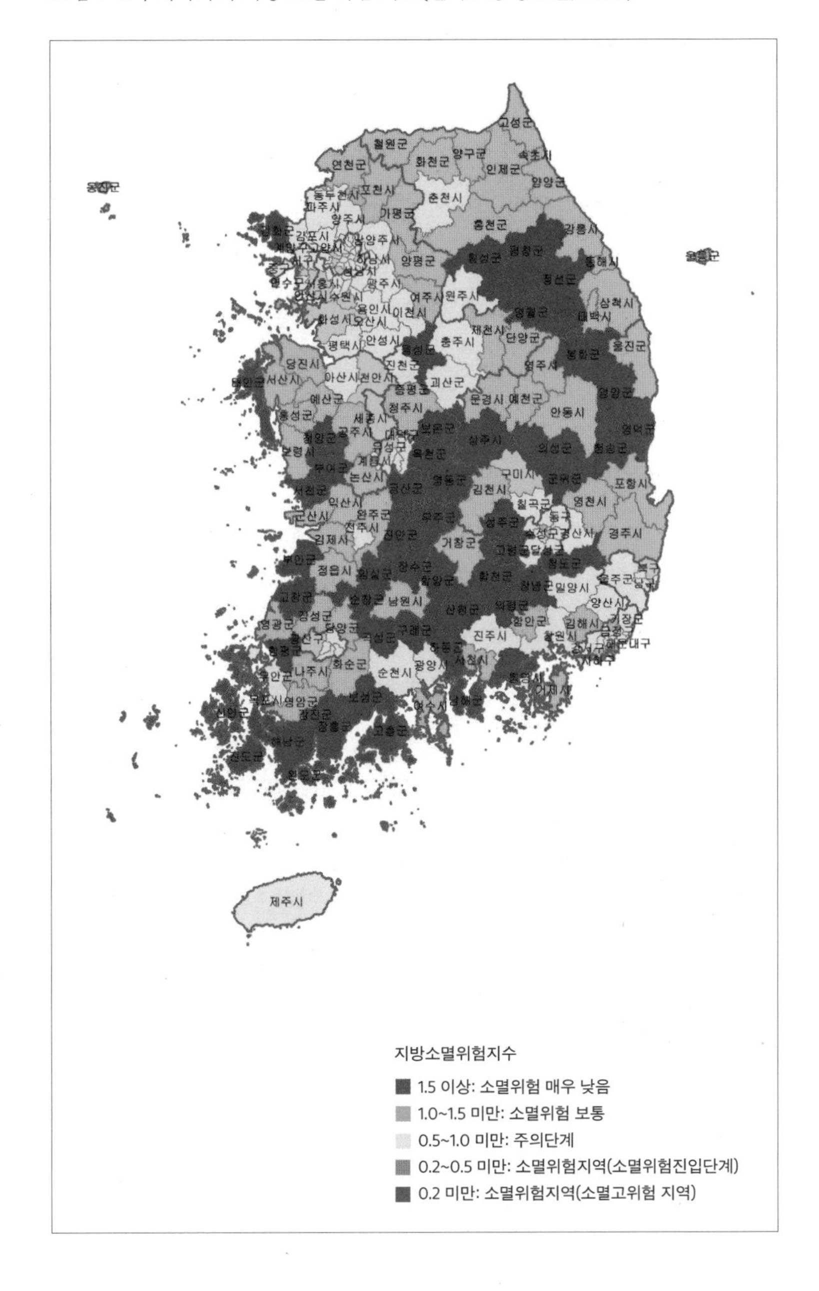

산촌과 임가(林家) 현황

산림이 전 국토의 63%를 차지하고 있고 70%가 산악 지형인 우리나라에서 산촌은 오랜 역사를 가진 촌락 유형이다. 〈산림기본법〉 제3조에서는 산촌을 다음과 같이 정의한다.

1. 행정구역 면적에 대한 산림면적 비율이 70% 이상일 것
2. 인구밀도가 전국 읍·면의 평균 이하일 것
3. 행정구역 면적에 대한 경지 면적 비율이 전국 읍·면의 평균 이하일 것

산촌은 지형적으로 경사지에 위치한 경우가 많고, 산촌의 주민들은 밭농사와 각종 임산물 생산에 주로 의존하여 생활한다. 산촌은 지형적 특성상 가구들이 분산되어 거주하고 농촌에 비해 촌락의 규모가 작으며, 생활환경이나 경제적 여건이 열악한 실정이다. 통계에 따르면, 우리나라 농산촌마을 중에서 아직 대중교통 수단을 이용할 수 없는 마을은 5.9%로 파악되고 있다. 마을 규모가 작고 거주 인구도 적어 도로 개설의 효용성이 낮은 농산촌이라 할 수 있다.

2020년 기준, 우리나라 전체 농산어촌 마을 중 농가가 있는 마을은 35,555개(94.7%), 임가가 있는 마을은 20,887개(55.6%), 어가가 있는 마을은 4,791개(12.8%)로 나타났다(통계청, 2020). 2015년과 비교하여 농가 또는 어가가 있는 마을은 다소 감소(-1.8%, -7.7%)하였으나, 임가가 있는 마을은 소폭 증가(7.6%)하였다. 다만, 농업과 임업, 수산업을 겸업하고 있는 가구도 있기 때문에 이를 단순히 임가

그림 5-5. 농림어가 마을 비율(통계청, 2021)

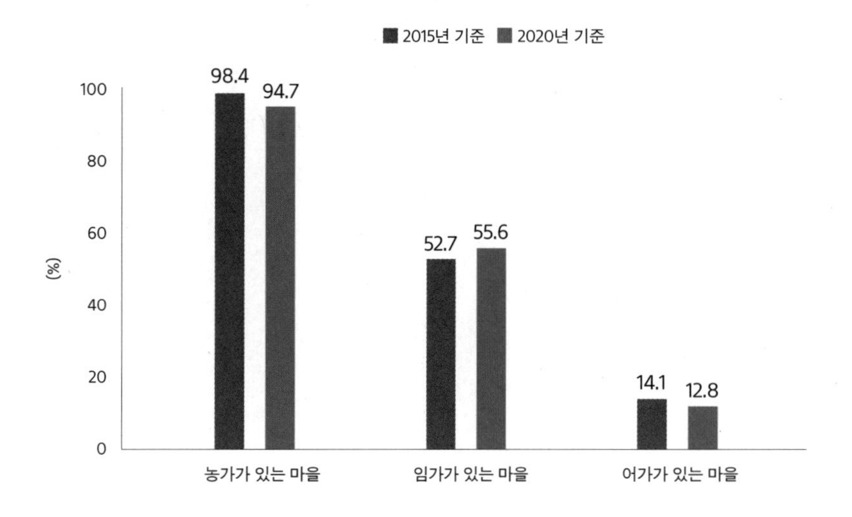

그림 5-6. 우리나라 임가 등록 현황(산림청, 2023)

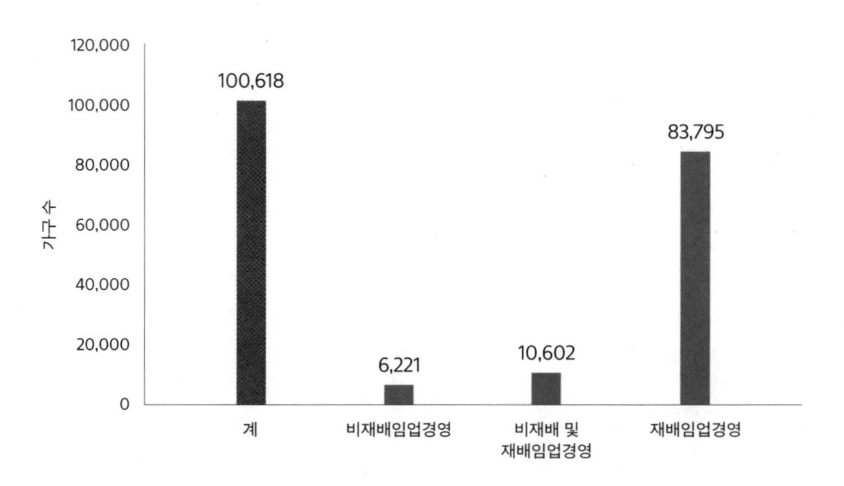

의 절대적인 증가를 의미한다고 볼 수는 없다.

2022년 기준 임업에 종사하는 가구 수는 10만618가구이며 한 가구당 평균 구성원 수는 약 2.1명이다. 우리나라에 등록된 임업 형태는 산나물, 약용작물, 관상작물 등을 재배·생산하는 '재배임업경영', 육림, 벌목, 양묘, 채취 등 재배하지 않고 수확하는 '비재배임업경영' 그리고 재배와 비재배를 함께 하는 '비재배 및 재배임업경영'으로 구분한다.

재배임업경영 임가를 재배 품목별로 보면 산나물과 떫은 감을 생산하는 임가의 비율이 전체의 50%를 초과한다.

그림 5-7. 재배 품목별 임가 비율(통계청, 2021)

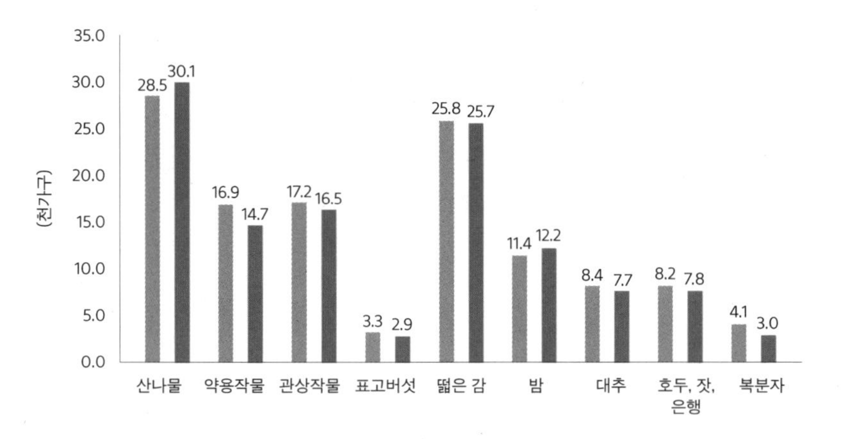

임업 노동력

우리나라의 인구는 점점 감소하고 있어서 지방 소멸을 우려하는 목소리가 더 커지고 있다. 국립산림과학원에 의하면 2017~2022년 동안 산촌으로 유입된 총 인구는 113만 명이고, 산촌에서 유출된 총 인구는 109만 명으로 4만3천 명의 순유입이 일어났다. 지역별로는 인천, 경기, 강원, 대구·경북 등 대도시에 가까운 산촌 지역에서 순유입이 많이 발생하였고, 농촌보다 도시에서 산촌으로 인구 유입이 많이 나타났다. 연령별로는 50~60대의 비율이 높은데, 특히 60대 이상은 다른 연령대보다 '자연환경'으로 인해 산촌에 이주했다고 응답한 비율이 높았다.

우리나라의 임업은 목재를 생산하는 전통 임업에서부터 산림휴양과 체험을 제공하는 서비스 임업까지 다양하게 구성되어 있지만, 임업 종사자 수는 점점 감소하고 있다. 임업 종사자 중 60대 이상의 인구는 약 67%이다. 반면, 20대부터 40대까지 청년층에서 종사하는 임업 인구는 약 7%에 불과하다. 산촌은 노동생산인구 비율이 낮고 거주 인구도 대부분 고령화되어 있어 전통적인 임업에서 필요한 노동력을 확보하기 어렵다. 더욱이 임업 종사자들의 고령화가 진행되면 안전사고나 산업재해가 발생했을 때 치명적 상처를 입을 가능성이 높다.

특히 목재 생산을 주목적으로 하는 전통적인 임업은 작업 강도가 높고 노동력에 대한 의존도가 높다. 하지만 최근 요구되는 환경적이고 생태적인 임업은 6차산업과 같은 생산, 가공, 서비스를 동시에 제공받을 수 있는 산업 분야로 변화하고 있다.

그림 5-8. 2017~2022년 귀산촌 가구주의 연령별 현황(산림청, 2023)

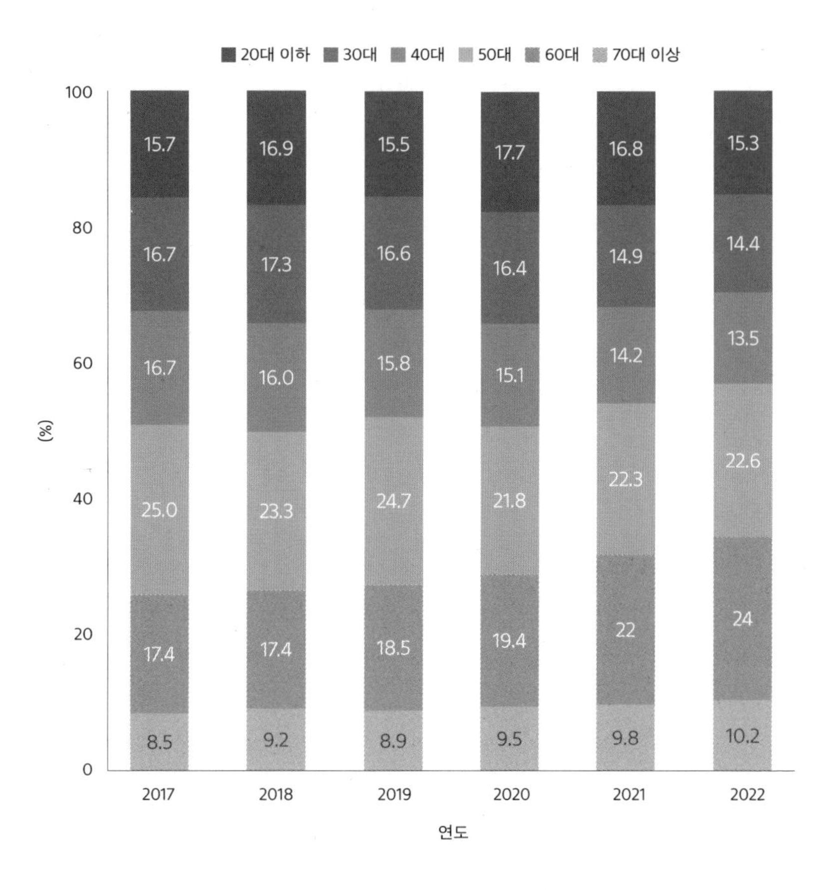

2. 지역 지속가능성

지속가능발전목표

2015년 9월, 유엔총회에서는 2030년까지 전 세계 모두의 평화와 번영, 지구의 보전을 위해 지속가능한 지구, 지속가능한 지역을 실현하고자 만장일치로 '지속가능발전목표SDGs: Sustainable Development Goals'를 아젠다로 채택하였다.

지속가능발전목표를 개인의 문제가 아니라 전 지구적인 혹은 정부 차원의 이야기로 받아들일 수도 있다. 하지만 이는 개발도상국부터 선진국에 이르기까지 전 세계 모든 국가의 고통과 위기를 해결하기 위한 공통 목표이다. 따라서 모든 분야에서 개인이 주체가 되어 목표 달성을 위해 행동해야 한다.

지속가능 발전목표에는 17가지의 큰 목표와 169가지의 세부적인 목표가 담겨 있다. 지속가능한 개발을 위해 편의상 17가지의 목표로 구분되어 있지만, 각 목표는 모두 밀접하게 연결되어 있다. 목

표 1~6까지는 사회발전 영역의 목표로 빈곤퇴치 및 불평등 해소, 인간의 존엄성 회복에 대한 내용을 담고 있다. 목표 8~11은 경제성장을 달성하기 위한 영역으로 무분별한 개발을 지양하고 포용적 경제환경을 구축하고 지속가능한 성장 동력을 만드는 것을 목표로 한다. 마지막으로 목표 7과 목표 12~15는 환경보전 영역으로 기후변화에 대한 대응과 지속가능한 지구를 만들기 위한 목표가 포함되어 있다.

국제기구에서 채택된 아젠다라고 하면 국제 환경 문제와 개발도상국에 국한된 빈곤 문제로 여길 수 있다. 하지만 지속가능발전목표에는 일자리와 경제성장, 사회기반시설, 도시 지속가능성과 공동체 등 경제와 사회적 영역의 목표도 포함되어 있다. 예를 들어 두 번째 목표인 기아 종식 아젠다는 개발도상국이 처한 문제를 해결하기 위한 목표로 인식될 수 있다. 하지만 농업의 지속가능성을 강화하여 식량 문제를 해결하는 것과 같은 세부적인 내용으로 구성되어 있어 지방의 인구 감소와 고령화, 농업생산성 등을 고려할 때 우리나라에서도 곧 마주할 수 있는 문제이다.

산촌 지역 문제의 악순환

지속가능발전목표의 17가지 항목은 서로 밀접한 관련성이 있다. 목표 달성 과정에서 다른 목표에 긍정적인 영향을 주기도 하고 부정적 영향을 줄 수도 있기 때문에 하나의 목표를 달성하기 위해서는 연결된 세부 내용을 이해할 필요가 있다.

기후위기와 인구의 도시 집중으로 변화되고 있는 일련의 현상

그림 5-9. 지속가능발전목표(UN, 2023)

빈곤 퇴치
모든 곳에서 모든 형태의 빈곤 종식

기아 종식
기아 종식, 식량 안보와 개선된 영양 상태 달성, 지속가능한 농업 강화

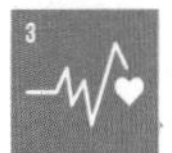

건강과 웰빙
모든 연령층을 위한 건강한 삶 보장과 복지 증진

양질의 교육
모두를 위한 포용적이고 공평한 양질의 교육 보장과 평생학습 기회 증진

성평등
성평등 달성과 모든 여성 및 여아의 권익 신장

물과 위생
모두를 위한 물과 위생을 보장하고 지속가능한 수자원 관리

깨끗한 에너지
적정한 가격과 신뢰, 지속가능한 현대적 에너지에 대한 접근 보장

양질의 일자리와 경제 성장
포용적이고 지속가능한 경제 성장, 완전하고 생산적인 고용과 모두를 위한 양질의 일자리 확대

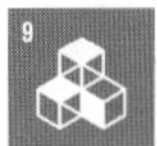

산업, 혁신과 사회기반시설
회복력 있는 사회기반시설 구축, 포용적이고 지속가능하며 친환경적인 산업화 증진과 혁신 도모

불평등 완화
국가 내 및 국가 간 불평등 감소

지속가능한 도시와 공동체
포용적이고 안전하며 회복력 있는 도시와 주거지 조성

책임감 있는 소비와 생산
지속가능한 소비와 생산 양식 보장

기후변화 대응
기후변화와 그로 인한 영향에 맞서기 위한 긴급 대응 시행

물과 위생
모두를 위한 물과 위생을 보장하고 지속가능한 수자원 관리

육상생태계
육상생태계의 보호, 복원, 증진, 지속가능한 산림관리, 사막화 방지, 생물다양성 보전

평화, 정의와 제도
지속가능발전을 위한 평화, 포용적 사회 증진, 정의 보장 및 효과적이고 포용적인 제도 구축

목표를 위한 파트너십
이행수단 강화와 지속가능 발전을 위한 글로벌 파트너십의 활성화

들은 산촌에 다양한 지역 문제를 야기한다. 출생률 감소에 따른 인구 절벽, 도시 이주로 인한 빈집 증가, 지역의 침체와 슬럼화 등이 대표적이다. 이러한 지역 문제는 청년층의 인구 감소, 노동력 감소와 고령화로 이어지게 되고 지역 문제의 악순환으로 인해 지역 경제가 점점 쇠퇴하게 되는 것이다.

예를 들어 산림경관이 우수하고 자연자원이 풍부한 산촌 지역에 산림휴양레저시설 개발사업이 제안되었다고 가정해 보자. 이러한 개발사업에는 사업관계자, 지역 주민(임업인), 지역 소상공인, 지

그림 5-10. 기후변화와 산촌 지역 문제의 악순환 시나리오

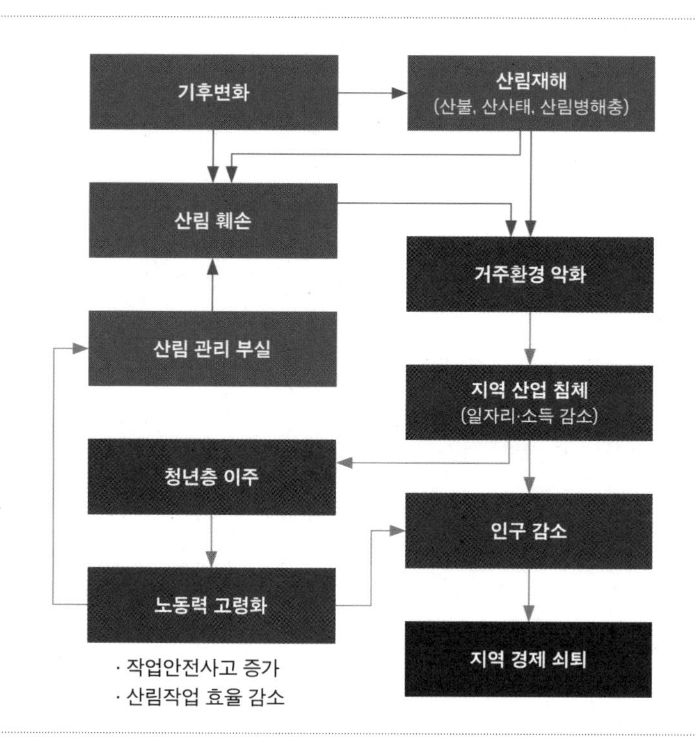

자체 관계자 등 여러 이해관계자가 존재하게 된다. 이들은 각자의 이익과 목적 달성을 우선시하는 행동을 취하기 쉽다. 이때 서로의 이해관계가 충돌하면 힘이 강한 누군가는 이익을 얻지만, 다른 누군가는 불이익을 당하게 된다. 개발사업으로 인해 많은 관광객이 방문하면 지역의 신규 일자리 증가와 지역 경제를 활성화할 수 있는 가능성이 생긴다. 반면 많은 관광객의 방문으로 대규모 개발과 산림훼손, 다량의 폐기물 처리 등의 문제가 야기될 수 있다.

먼저 사업자의 자본에 의해 대규모 시설과 도로가 건설된다면, 개발 초기에는 지역 산림의 우수성과 대형시설의 편리함으로 인해 관광객 방문은 증가할 것이다. 동시에 대규모 시설로 인해 산림환경과 경관은 훼손되고 지역 임업은 점차 쇠퇴하게 될 것이다. 많은 관광객으로 인해 지역 주민의 생활환경은 악화되고 공동체의 이해관계에 따라 와해될 가능성이 높다. 사업자는 지역 주민의 동의와 협조를 얻기 어려워지고 이러한 갈등으로 인해 사업이 가지는 매력은 떨어지고 경쟁력을 잃게 된다. 결국 낡은 시설과 훼손된 환경은 지역의 쇠퇴를 가속할 수 있다.

반대로 환경에 부하가 적은 소규모 시설과 적정 수준의 임도 개설이 이루어진다면, 주민을 고용해 지역 임업을 해치지 않는 적정 수준의 일자리를 확보할 수 있고 지역 공동체와 상생하며 현지에서 생산된 임산물과 농산물을 이용한 가공품과 음식을 제공하여 지역 경제에 기여할 수 있을 것이다. 또한 지역 공동체와 산림복지 콘텐츠를 개발하여 운영하고 ESG 경영을 기반으로 환경친화적인 지역 상생형 기업이라는 인식을 확산하며 지속가능한 산촌을 조성할 수 있을 것이다.

이와 같이 각각의 지속가능개발목표 개별적으로 달성하고자 하면 다른 목표에 부정적 영향을 주게 되지만, 상호연결된 세부 내용을 이해하고 협력을 통해 공동의 목표를 공유하면 다수의 목표 해결에 긍정적인 영향을 미칠 수 있다.

지역순환경제와 산촌 활성화

그림 5-11. 지역개발의 2가지 시나리오

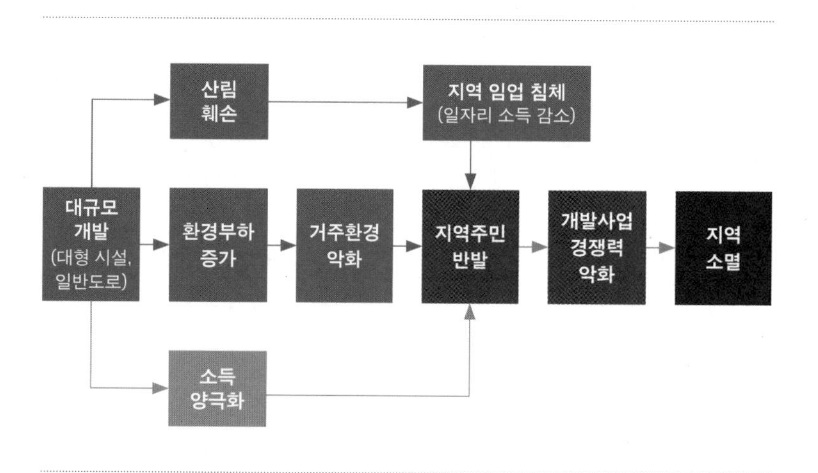

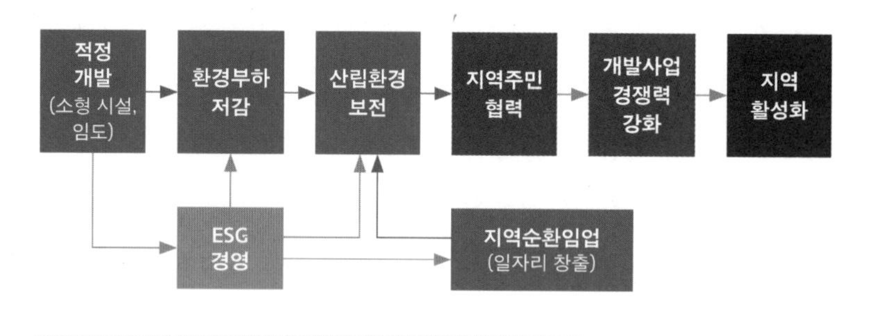

지역순환경제는 자원의 선순환을 통해 지속가능한 지역경제를 실현하는 것이다. 다시 말해 생산-소비-관리-재활용에 이르는 각 단계에서 지역 내 가용력을 고려하여 계획을 수립하고 실행하는 것이다. 이를 위해서는 지역에서 생산되는 자원을 파악하고 자원효율적 생산구조를 구축해야 한다. 또한 생산 단계에서부터 자원의 재활용과 폐기 후 처리까지 고려하여 친환경적인 소비와 지역 거버넌스에 기반한 자원 관리가 필요하다.

산림 비율이 높은 농산촌에서는 지역에서 생산된 산림바이오매스 자원이나 목재 자원을 이용하여 에너지 순환경제를 구축할 수 있다. 태양광이나 풍력발전과 같은 재생에너지에 기반하여 마을 단위 수준에서 요구되는 에너지 수요를 충족하고, 기상 요인으로 에너지 생산과 공급이 불가능한 시기에는 지역에서 생산된 바이오매스를 통해 대체한다.

파리협정 발효(2016. 11.) 이후 국내 산림에서 탄소상쇄사업과 순환임업 필요성이 대두되었다. 하지만 사유림의 비율이 높고 영세한 산주가 대부분인 우리나라의 산림에서는 경제성을 확보하기 어려운 실정이다. 이를 위해 임도망 구축을 통한 경영 효율화, 마을 단위의 사유림 단지화를 통한 집단 경영 등이 필요한 시점이다.

협동조합의 집단 경영(일본)

일본 오카야마현 마니와真庭시의 니시아와쿠라 마을은 인구 약 1,300명의 작은 마을이다. 마을 전체의 93%를 산림이 차지하고 있지만 전혀 관리되지 않은 상태였다. 마을 활성화를 위해 지역의 임업

관련 기업과 주민들이 협동조합을 결성하고 전체 산림면적(약 5,000ha) 중 50%를 조합에서 10년 동안 경영하도록 계약을 맺었다. 지역의 산림자원을 이용해 풍요롭고 살기 좋은 마을을 만드는 것을 목적으로 시작된 이 사업은 숲의 공익적 기능과 산림경관을 회복하여 관광자원으로 활용하는 생태임업을 장기 목표로 세우고 추진되었다. 실제로 협동조합에서는 방치된 산림의 불량목과 열세목을 간벌하고 숲 내부에 적당한 햇빛이 들어올 수 있도록 수관 밀도를 조절하였다. 지역에서 생산되는 목재의 생산비를 절감하기 위해 지역 내에서 소비할 수 있도록 유통구조를 간소화하고 지역 내 소비를 촉진했다. 그 결과, 연간 9,000m²의 목재가 생산되었다. 생산된 목재의 70%는 지역 내 임업 기업, 30%는 지역 내 목공소에 공급하는 지역 우선 판매제도를 시행하였다. 생산된 목재가공품은 마을 공공건축물의 건축재로 사용하고 남은 생산품은 인근 대도시에 판매하였다. 주요 산림사업비는 지방정부에서 보조하였고 목재 판매 비용에서 경비를 제외한 목재생산 수익은 산주와 조합에 일정 비율로 분배하였다.[64]

차별화된 자원 발굴(독일)

침체된 산촌을 활성화하려면 그 마을의 거주환경과 사회복지 그리고 안정된 일자리가 필요하다. 산촌은 농촌에 비해 청정한 자연환경, 육상생태계를 대표하는 산림공간이 풍부하다. 이를 기반으로 산림형 6차산업, 다양한 임산물 생산과 체험을 통해 차별성 있는 산촌의 지역 어메니티 자원을 발굴해야 한다.

17세기 후반까지 광업이 번성하였던 독일의 자이펜 마을은

18세기 초 광업의 쇠퇴로 지역 산업이 목공방 중심으로 바뀌었다. 이 마을을 알린 대표적인 생산품은 호두까기 인형이다. 이 마을의 목공방은 지역에서 자라는 너도밤나무, 독일가문비나무, 전나무 등을 재료로 공급받는다. 마을에서 만든 모든 제품은 보증 마크를 부착하여 전 세계 어디에서든 수리를 받을 수 있도록 마케팅하고 있다. 또한 인재를 양성하기 위해 목공예학교를 설립하여 마을 전통을 지키고 있다.

산림바이오매스를 이용한 자원순환경제

2000년대 초반 이후 지역에서 생산한 목재 자원을 지역 내에서 소비하기 위한 에너지 자립마을이 조금씩 늘어나고 있다. 독일 니더작센주의 윤데마을은 곡물, 산림부산물, 가축 분뇨를 이용해 지역에 필요한 에너지를 생산한다. 이 마을은 연간 5천MWh의 전력을 생산해서 2천MWh는 마을에서 이용하고 남은 3천MWh는 전력회사에 판매하여 연간 100만 유로(약 13억 원)의 수입을 얻고 있다. 또한 산림바이오매스 자원을 이용하여 온수를 공급하는 시설도 갖추고 있어 마을 주민들은 연평균 1,000 유로(약 130만 원)의 난방비를 절약한다.

일본 오카야마현의 마니와시는 인구 4만7,000여 명의 작은 도시로 도시 면적 전체의 79%가 산림으로 구성되어 있다. 마니와시는 1992년 목재 이용 도시를 표방하고 2006년부터 관내 바이오매스 투어 프로그램을 운영하고 있다. 2018년 일본 정부 지정 지속가능발전목표 미래 도시와 지역순환 공생플랫폼, 2020년 제로카본Zero-carbon

도시, 2022년 탈탄소 선행지역을 선포하고 에너지 자급률 100%를 달성하였다. 마니와시의 바이오매스 산업은 주택 경기 침체와 수입 목재로 인한 지역 임산업의 쇠퇴로 지역경제가 위기에 처하는 것을 벗어나기 위한 전략이었다. 이를 위해 지방정부-산업계-학계가 공동으로 참여하여 '마니와학원'을 설립하고, 재생가능한 목재 자원을 순환 이용함으로써 탄소중립에 기여하고 지역 산업이 활성화되도록 유도하였다.

마니와시는 지역 산림을 적극적으로 경영함으로써 일자리 창출, 산주 소득 환원, 에너지 자립, 지역순환경제 구축 등의 긍정적인 결과를 이룰 수 있었다. 무엇보다 하나의 목표를 향해 지역 거버넌스가 조직적 활동을 함으로써 바이오매스 산업을 지역의 중추 산업으로 성장시킬 수 있었다.

우리나라에는 목재칩을 이용해 마을의 모든 난방을 해결하는 에너지 자립 마을이 있다. 강원도 화천군에 있는 느릅마을이라는 곳이다. 이곳은 마을 주변 산림에서 수확한 목재와 미이용 산림바이오매스를 수집한 뒤 목재칩으로 가공하여 이용한다. 이 마을은 중앙난방으로 75℃의 온수를 각 가정마다 연결해서 사용하면서 등유를 사용할 때보다 최소 40% 이상의 난방비를 절약하고 있다.

3. 산림휴양

임도의 휴양 가치

산림은 1980년대 초반부터 국민의 여가활동과 야외휴양 공간으로 중요한 역할을 해오고 있다. 산림욕에서 시작된 이러한 수요는 2000년대 초반까지 자연휴양림을 중심으로 한 산림휴양 정책을 추진하는 계기가 되었다. 최근에는 산림치유, 숲 해설, 유아 숲 체험, 산림레포츠 등 산림복지에 대한 국민의 다양한 욕구가 확대되고 있다.

산림휴양은 산림 안에서 이루어지는 심신의 휴식 및 치유 등을 말한다고 〈산림문화·휴양에 관한 법률〉에 명시되어 있다. 산림휴양은 신체적 혹은 정신적 안녕과 즐거움을 기본 목적으로 비도시적 환경에서 여가시간을 활용하는 것으로, 산림이라는 자연자원을 배경으로 이루어지는 야외휴양이다.[65]

산림휴양 및 야외휴양 활동을 하거나 접근하려면 임도나 숲길 등이 필요하다. 임도의 완만한 종단 경사는 걷기 및 산림레포츠 활동에 적합하다. 또한 자연경관과 어울리는 임도는 숲의 정취를 충분히 즐기면서 산림욕과 함께 심신을 단련할 수 있는 최상의 장소이며 산림휴양, 산림교육, 산림치유, 산림문화 등 다양한 측면에서도 활용 가능성이 높다.

미래에 임도는 자연친화적이며 쾌적한 환경으로 개설 및 유지되어 정신적 및 육체적 체험, 심신단련을 위한 휴식, 기분전환, 자아실현의 행복한 공간으로 활용될 수 있다. 또한 휴양 활동으로 캠핑, 산악자전거, 산악마라톤, 산악승마, 산악스키, 래프팅, 행·패러글라이딩, 오리엔티어링, 서바이벌게임, 암벽등반 등의 탐험·모험·체험 활동이 가능하다. 사이클로크로스, 마운틴보드, 지오캐싱 등과 같은 새로운 형태의 야외활동도 늘어나 임도의 다양한 활용과 가치는 점차 증가할 것이다.

이처럼 임도를 조성하면 산림기반사업 및 휴양적 가치 등의 측면에서 직·간접적인 효과와 경제성이 있다. 임도 개설은 활용 유형에 따라 비용과 편익으로 구분되며 비용은 직접 비용과 간접 비용으로, 편익은 직접 편익과 간접 편익으로 구성된다. 임도의 휴양 관련 항목은 직접 편익에 해당하며, 공공재의 특성을 포함한다.[66]

국립산림과학원에 따르면, 휴양·테마형 임도는 산림경영형 임도 및 산불예방형 임도에 비해 비용-편익(BC율)은 1.596, 순현재가치(NPV)는 1억8,553만2천 원으로 나타났다. 임도 신설 사업의 투자 효과에 대한 민감도 분석 결과도 휴양·테마형 임도의 비용-편익이 1.405, 순현재가치가 1억5,423만6천 원으로 나타났다. 임도 신설에 있어 휴양·테마형 임도는 경제적으로 타당성이 높으며 산림경영형과 산불예방형 임도에 비해 투자 효과가 높은 것을 알 수 있다.

그림 5-12. 휴양·테마형 임도에 대한 국민 인식 정도와 만족도 조사 (국립산림과학원, 2020)

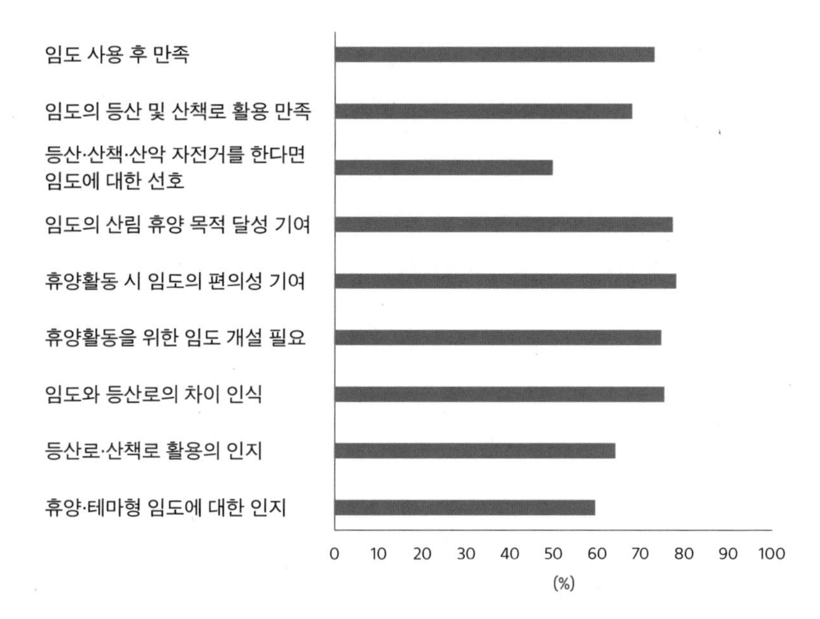

8개 국립자연휴양림의 임도 방문객 500명을 대상으로 임도 이용 행태를 조사한 결과, 최근 3년간 휴양·테마형 임도의 평균 방문횟수는 4.6회였으며, 동반 방문자는 가족 및 친지(59.4%), 친구·연인·직장동료(30.6%) 순이었다. 휴양림을 방문하는 이유는 '자연경관이 좋아서', '기분전환/휴식을 위해서', '친목 도모나 산책로가 좋아서'라고 응답하였다.

산림휴양 활동으로는 산책, 자연감상, 계곡 물놀이, 사진찍기 등의 순으로 나타났다. 휴양·테마형 임도에 대한 인지는 59.2%였으며, 등산로·산책로 활용에 대한 인지는 63.8%이다. 임도와 등산로의 인식에 대한 차이는 75.2%였으며, 등산·산책·산악 자전거를 위해 임도 개설이 필요하다는 의견이 74.4%를 차지하였다. 휴양 활동을 할 때 임도의 편의성 기여는 77.8%로 높게 나타났고, 임도의 산림휴양 목적 달성에 대한 기여는 76.8%로 응답하였다. 임도의 등산 및 산책로 활용 만족은 67.6%이며, 임도 개설시 경관 및 환경을 고려해야 한다는 의견이 있었다. 임도 사용 후 자연휴양림 방문객의 72.8%가 만족한다고 응답하였다.[67] 조사 결과를 통해 임도를 활용한 산림휴양 활동이 긍정적으로 변하고 있다는 것을 알 수 있다.

산림 휴양자원으로서 임도 환경

정서적 효과

임도는 인간의 정서와 건강증진을 위한 양호한 여건을 가지고 있으며, 경관적으로 좋은 환경을 제공하고 걷기에 유리한 장점이 있다. 특히 임도는 차량 주행을 위한 완만한 경사와 일정한 노폭을 갖추고 있어 걷기에 안전한 치유공간이다. 기분상태검사(POMS)와 의미분별법(SD법)을 이용해 임도와 등산로를 비교 연구한 결과에서 임도와 등산로의 기분 상태는 모두 쾌적하고, 자연적이며 안정된 공간으로 느끼는 것으로 나타났다. 이는 보행자가 느끼는 임도의 자연환경이 등산로의 자연환경과 비교하여 뒤떨어지지 않는다는 것을 의미한다. 즉, 임도는 등산로를 대체할 수 있는 걷기 좋은 공간이라는 것을 알 수 있다. 최근 관심이 높아지고 있는 산림치유 공간으로 임도를 활용한다면 임도의 가치를 더 높이고 국민건강 증진에도 도움이 되는 환경을 제공할 수 있다.[68]

그림 5-13. 의미분별법(SD법)에 의한 임도 및 등산로 비교(최윤호 등, 2013)

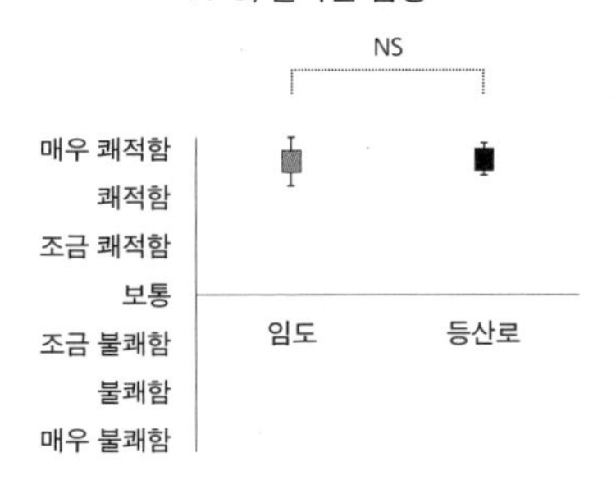

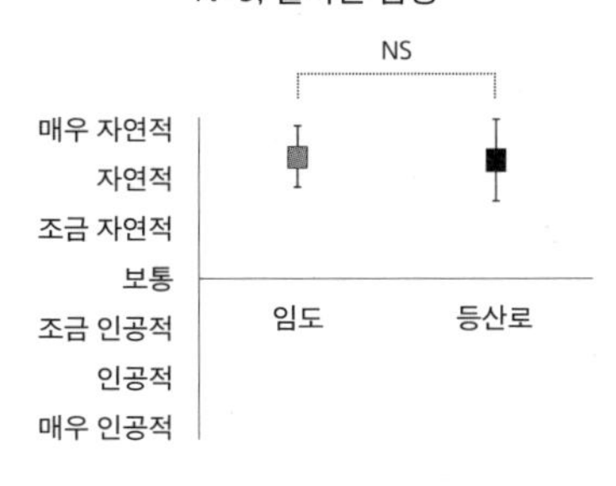

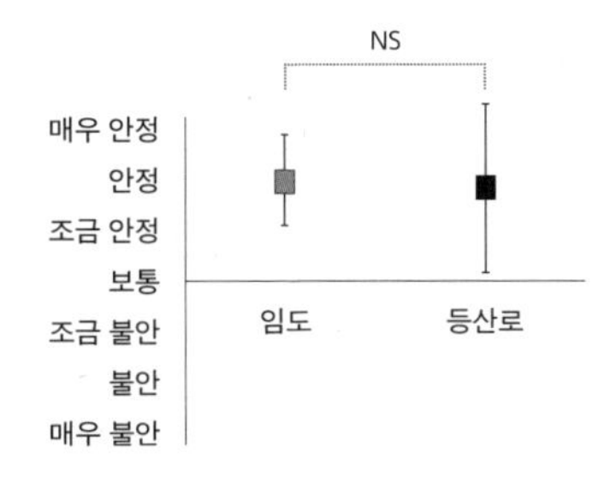

산림과 도시의 심리평가에 관한 연구 결과에서도 계곡과 임도에서 산책하는 것은 도시환경과 비교하여 긴장과 불안을 이완시켜주며 분노를 억제하는 효과가 있다고 나타났다. 산림에서 산책을 하면 활기가 증가되었고, 도시환경과 비교하여 피로가 개선되었다. 따라서 계곡과 임도는 도시환경보다 쾌적함, 자연감 등을 느끼게 하는 환경이라는 사실을 알 수 있다.[69] 또한, 계곡 주변의 임도는 자연경관을 감상함으로써 도시보다 자율신경계 균형과 혈압을 안정시키는

효과가 있으며, 심리상태를 긍정적이고 편안한 감성으로 유도하는 장소라는 것이 입증되었다.[70]

건강증진 효과

우리나라 국민의 건강과 산림치유에 대한 관심은 날로 높아지고 있다. 임도를 산림치유 목적으로 활용한다면 임도에 대한 부정적인 인식을 개선할 수 있는 기회와 함께 산림에서 여가를 즐길 수 있는 장소로 각광받을 수 있다.

임도와 등산로의 환경을 비교한 연구에서 건강증진 목적으로 임도가 등산로보다 더 양호한 환경을 제공하는 것으로 나타났다. 50대 10명을 대상으로 최대 심장박동수의 60~80% 범위를 유지하면서 임도와 등산로를 30분 동안 산책하도록 했더니 임도에서 걷기는 건강증진에 효과가 높은 목표 심박수 범위 내의 약 70%가 분포한 반면, 등산로 걷기는 약 43%가 분포하였다. 이를 통해 등산보다 종단 경사가 낮은 임도를 따라 걷는 활동이 건강증진에 효과가 크다는 사실을 알 수 있다.[71]

등산로는 경사도의 변화가 심하고 노폭이 좁다. 또한, 노면 위 바위나 나무뿌리가 노출되어 보행 시 위험하거나 불량한 경우가 많다. 반면 임도는 일반적으로 8% 이하의 경사도를 유지하고 있어 적정 보행속도로 걷기에 적합하다. 따라서, 임도에서는 개인의 체력에 따라 목표 심박수 범위를 찾아내어 최적의 운동 효과를 얻을 수 있으며, 경사가 심하지 않기 때문에 걷기 시 보행속도의 조절이 가능하다.[72]

산림레포츠에 대한 국민 인식

2023년 산림청은 산림레포츠의 관심과 수요를 알아보기 위해 국민인식 실태조사를 실시하였다. 조사 결과, 응답자의 79.4%가 산림레포츠에 대해 관심이 높았으며 산림레포츠 참여 경험이 있는 응답자의 67%가 긍정 평가를 하였다. 산림레포츠를 활동할 때 중요하게 생각하는 요인으로는 안전성(32%), 수려한 자연경관(19.2%), 접근성(17.4%) 등을 꼽았다. 활동 유형으로는 별도의 장비나 전문 기술 없이도 쉽게 접근할 수 있는 비전문적 레포츠 활동과 전문적인 동호회 활동을 함께 하는 것으로 나타났다. 세부 활동별 만족도는 레일바이크(51%), 서바이벌 게임(20.2%), 산악자전거(17.6%) 등이 순위가 높았다. 산림레포츠 활동을 가족 및 친인척과 함께하는 비율도 46.6%로 높았다.

산림레포츠 활동의 주된 목적은 호기심과 즐거움(32.2%), 여행 및 관광(17.2%), 스트레스 해소(15.3%) 등이었다. 이를 통해 국민은 전문적인 스포츠 활동을 하기보다는 여행의 즐거움을 충족시키는 목적으로 산림레포츠를 경험하고 있다는 것을 알 수 있었다.

테마임도

테마임도는 산림관리 기반시설의 기능을 유지하면서 특정 주제인 산림문화·휴양·레포츠 등에 널리 이용되거나 이용될 가능성이 높은 임도를 말한다. 테마임도는 접근성과 경관이 좋은 임도를 선정해 지역 여건과 주민 수요에 맞는 시설을 설치하여 임도의 다양한 가치와

그림 5-14. 산림레포츠 활동 참여의향 및 관심 정도(산림청, 2023)

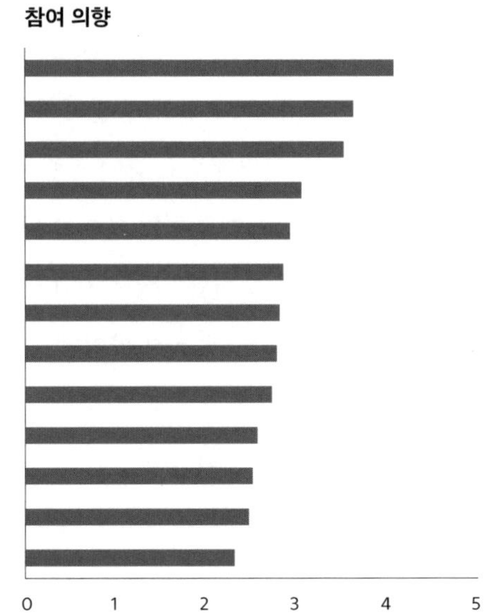

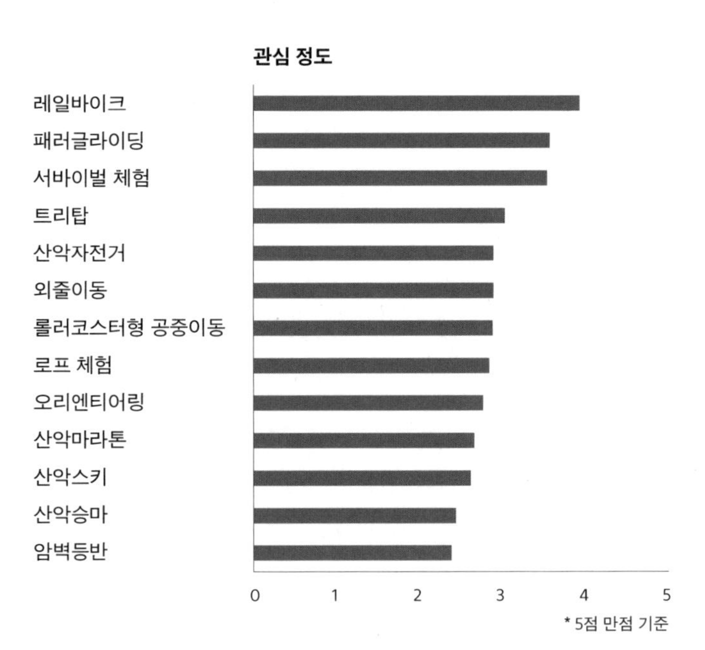

혜택을 공유하기 위해 조성한다. 최근에는 각 지자체의 특성에 맞게 조성하거나 문화, 역사를 담는 다양한 콘텐츠로 이용하고 있다.

테마임도는 조성 기준에 따라 국민의 다양한 수요를 맞출 수 있도록 산림휴양형과 산림레포츠형으로 구분한다.[73] 테마임도는 다양한 경관과 더불어 유래, 교통 정보, 트레킹 코스, 체험거리와 볼거리 등으로 구성되며, 휴식과 여가를 즐기는 정靜적인 개념의 '산림휴양형'과 임도와 주변 환경을 이용하는 동動적인 개념의 '산림레포츠형'으로 구분한다.[74]

산림휴양형 임도는 접근하기 쉽고 경사가 완만하여 남녀노소 누구나, 특히 가족 단위 휴양객이 이용하기 편리한 곳으로 지정한다. 주변 산림을 훼손하지 않으면서 여가, 휴식, 건강에 필요한 부대시설을 설치할 수 있는 임도이다. 또한, 산림 내에 산재된 유적지·중요 사찰·문화재 등 역사적인 주제와 연결하여 즐길 수 있는 임도이다. 주변의 계곡·봉우리·바위 등에 지역 문화·전설·유래가 담긴 임도, 임도 주변 지역의 특산 수종 또는 지역 축제와도 연계할 수 있다.[75]

산림레포츠 임도는 산림레포츠 활동에 이용되는 임도 또는 레포츠 활동에 적합할 것으로 판단되는 임도를 선정한다. 산림레포츠 활동은 다수의 사고 위험이 따르는 만큼 안전과 재해 피해에 대한 각별한 관리가 필요하다. 따라서 주로 일반인이 활용하지 않는 지역을 지정하며, 도심 주변 및 등산·휴양객의 이용이 많은 임도, 훼손이 심하거나 재해 위험성이 있는 임도는 제외하도록 하는 등 시설물 설치 및 운영 등에 대한 기준을 마련하였다.

2023년 산림청의 자료에 따르면 테마임도는 크게 지방임도와 국가임도로 구분되며 178개로 총 1,711.16km가 개설되어 있다. 지방

임도는 144개소(1,212.39km)로 산림휴양형 109개소(862.52km), 산림레포츠형 35개소(349.87km)이다. 국가임도는 34개소(498.77km)로 산림휴양형 21개소(253.84km), 산림레포츠형 13개(244.93km)가 있다.[76]

표 5-1. 테마임도 조성 기준(국가법령정보센터, 2023)

유형	내용
공통사항	- 기존 임도를 기능별 목적에 맞게 구조 개량, 필요한 경우 - 기존 임도간 및 도로와 연결을 위한 순환임도 추가 시설 - 과도한 산림훼손을 수반하지 않고, 산림관리 기반시설로서 임도의 기능 유지할 수 있는 범위 안에서 조성
산림휴양형	- 임도 및 주변 경관을 이용하여 테마(보고, 느끼고, 맛보고, 배우고, 즐기는)별로 혼용하여 복합적으로 조성 - 간이운동 시설, 쉼터, 숲 해설 코스, 체험 코스 등 편의시설 및 수목 표지판, 설명 표지판(역사·문화·유적·전설 등) 등 안내 시설 설치
산림레포츠형	- 해당 레포츠를 대표하는 협회 또는 단체와 협의하여 레포츠 활동에 적합한 규격으로 시설 - 필요시 소형 임도 및 오솔길을 추가로 신설하거나 연결 가능 - 안내판, 가드레일, 반사경 등 안전 시설물 설치 - 탈의실, 대형 주차장 등 임도 부속물의 범위를 벗어나는 시설은 관련법에 따라 활용 주체가 시설

그림 5-15. 전국 테마임도 현황(산림청, 2023)

그림 5-16. 국가 테마임도 현황(산림청, 2023)

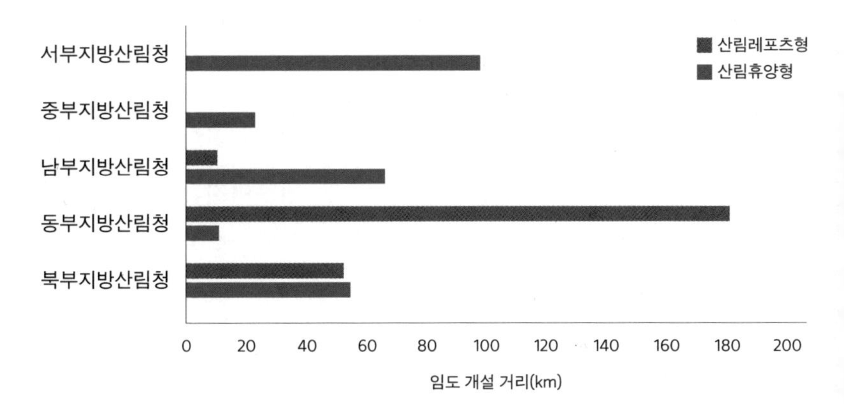

그림 5-17. 지방 테마임도 현황(산림청, 2023)

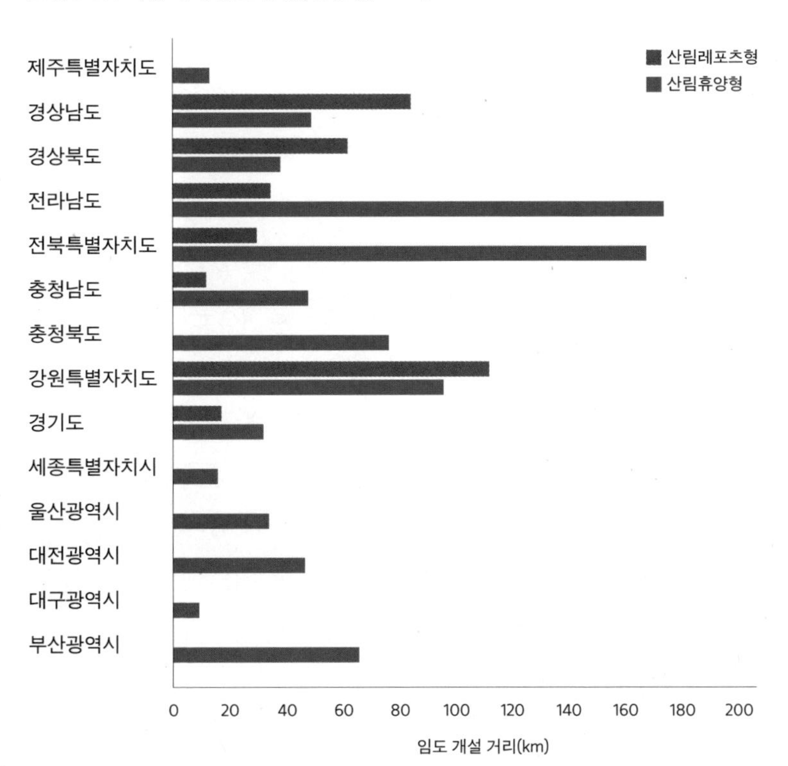

국내 임도 활용 사례

임도와 산림레포츠

산악마라톤, 산악자전거, 산악승마, 오리엔티어링, 산악스키 등의 활동은 기본적으로 임도와 숲길을 바탕으로 이루어지는 활동들이다. 산림레포츠 중에서 패러글라이딩, MTB 코스, 인공암벽 등반, 서바이벌게임은 임도 주변을 이용한다. 스키장, 활공장, 승마장, 집라인, 레일바이크 등의 산림레포츠는 산림에서 등록 또는 신고 의무가 있는 시설물이다.

2023년 전국에서는 임도를 활용한 다양한 산림레포츠 행사가 개최되었다. 대부분 산악자전거, 패러글라이딩, 산악걷기, 산악마라톤 대회였다. 이렇게 대회가 매년 개최되고 있다는 것은 산림레포츠에 대한 대중적 관심과 기반시설이 많이 확충되었다는 것을 의미한다. 따라서 산림레포츠를 위한 임도의 활용은 앞으로도 계속 증가할 것이다.

전국에서 가장 인기 있는 임도는 강원도 횡성군의 청태산 자연휴양림 임도이다. 이 임도는 해발 1,200m의 청태산 자락에 자리잡고 있으며, 영동고속도로와 인접해 교통이 편리하고 숙박시설이 다양하다. 약 5km 길이의 순환형 임도가 있으며 장애인이 휠체어를 타고 올라갈 수 있는 데크 로드와 다양한 숲 체험을 할 수 있는 공간이 마련돼 있다. 이 순환형 임도를 활용해 숲사랑 걷기대회, 겨울철 설원에서 MTB 대회, 전국 개썰매대회 등의 행사가 개최되었다.[77] 청태산 자연휴양림은 산악스키도 가능한 지역으로 적설량을 확보한다면 임도를 활용하여 누구나 즐길 수 있는 장소로 활용될 수 있다.[78]

표 5-2. 2023년 임도 및 주변 산림을 활용한 전국 산림레포츠 대회 현황

산림레포츠 대회	지역 및 행사 구간
진주시장배 산악자전거대회	진주시 해맞이공원 일원
곡성심청배 전국패러글라이딩대회	곡성군 호락산 이륙장, 깃대봉 이륙장
홍성 사랑 전국패러글라이딩대회	홍성군 월산리 백월산 활공장
경산시장배 산악자전거대회	경산시 상대온천~삼성산 임도~반곡지
원주국제걷기대회	원주시 근교 임도길 및 둘레길
전라북도지사기 패러글라이딩대회	군산시 오성산 활공장
강원도연맹회장배 전국오리엔티어링대회	평창군 삼양목장 일대
청송사과 트레일런	청송군 청소정원~태행산 임도 일대
김해 도요새길 쉬엄쉬엄 걷기	김해시 도요새길(생림면~상동면)
김해시장배 전국산악자전거대회	김해시 천문대~신어산~시례마을·소도마을
산림청장배 양양전국산악저전거대회	양양군 송이밸리 자연휴양림~산악임도~어성전
낙동강 평화 전국산악자전거 대회	칠곡군 칠곡보 일대
세종시장배 전국MTB산악자전거대회	세종시 도심 속 산악 코스
원주시장배 국제산악자전거대회	원주시 치악산 매봉산 일대
문화체육관광부장관기 생활체육 전국 패러글라이딩대회	합천군 합천패러글라이딩파크 (대암산 활공장)
대한체육회장기 생활체육 전국 패러글라이딩대회	안동시 단호 활공장
전국패러글라이딩대회	춘천시 대룡산 활공장
정읍 내장산 전국패러글라이딩대회	정읍시 칠보산 활공장
울산 염포산 전국산악자전거대회	울산시 염포산 MTB 경기장 일원
블루시티 거제산악자전거대회	거제시 선자산 계룡산 산방산 일대
고창군수배 전국산악자전거대회	고창군 MTB파크 일대
산림청장배 전국패러글라이딩대회	평창군 해피700 활공장
청송군수배 전국산악자전거대회	청송군 태행산 임도 구간, 과수원 임도 구간
운탄고도1330 태백트레일러닝	태백시 운탄고도
산림청장배 노르딕워킹대회	고성군 고성산 일대
뚜벅이 계명산 테마임도 걷기행사	충주시 계명산 테마임도 일대
산림청장배 고성 금강산트레일러닝대회	고성군 화암사 숲길
청송군수배 전국산악자전거대회	청송군 태행산 일대
하늘숲길 걷기대회	정선군 하늘숲길
산림청장배 전국 푸른 숲길 달리기대회	춘천시 남산면 일대 푸른숲길 코스

지리산 청학동과 악양면을 잇는 해발 740m의 회남재 일원의 고갯길은 조선시대 이전부터 하동시장과 화개장터를 연결하는 산업 활동 통로이자 산청·함양 등 지리산 주변 주민들이 널리 이용하던 소통의 길이다. 현재는 경관을 즐기며 등산할 수 있는 곳으로 등산과 걷기 동호인에게 사랑받는 트레킹 코스이다. 임도 걷기 행사는 2014년 처음 개최된 이후 계속 진행되고 있다. 걷기 행사에서는 참여자들의 지루함을 달래고자 2.4km, 4.4km, 회남재 정상 지점에서 작은 음악회 거리 공연, 간식 제공 행사 등을 진행한다.[79]

임도와 산림치유

어싱Earthing 효과로 맨발 걷기가 전국에 열풍이다. '접지'란 뜻을 가진 어싱은 맨발이 땅과 만나면서 몸 안의 면역력을 높여 각종 체내 질병을 치유하는 능력이 있다. 맨발로 걸으면 몸에 염증을 일으키는 활성산소를 중화할 수 있다. 실제 맨발 걷기를 통해 암 등 치유하기 힘든 병을 고친 이들이 적지 않아 최근 관심이 높아지고 있다. 임도를 이용하여 맨발 걷기를 할 수 있도록 시설을 조성한 대표적인 곳은 대전광역시의 계족산 임도이다. 이 곳은 산림경영을 위해 개설한 임도에 2006년부터 지역 기업에서 황토 2만여 톤을 투입하여 맨발 걷기를 할 수 있는 건강한 산책길을 계획한 곳이다. 해발 200~300m의 약 14.5km의 황톳길은 4시간 정도 소요되는 코스로 누구나 부담 없이 걸을 수 있다.

임도를 활용한 계족산맨발축제는 매년 개최되고 있으며, 숲속의 음악회 등 지역 축제와 연계되어 다양한 산림문화 체험 기회를 제공하고 지역 경제 발전에 도움을 주고 있다.[80] 아름다운 숲과 골짜기

그림 5-18.
대전광역시 계족산 임도에
조성된 맨발 걷기 황톳길

등의 자연환경은 시민들에게 사랑을 받고 있으며, 산허리를 따라 조성된 황톳길은 경사가 완만하여 아이들을 비롯해 연세가 지긋한 노인들도 오를 수 있어 많은 이용객들이 방문하고 있다.

임도와 산림문화

산림문화란 산림과 인간의 상호작용으로 형성되는 정신적·물질적 산물의 총체이다. 산림과 관련한 전통과 유산 및 생활양식 등과 산림을 활용하여 보고, 즐기고, 체험하고, 창작하는 모든 활동을 포함한다.[81] 산림청은 자연휴양림, 수목원, 치유의 숲 등을 기반으로 각종 산림문화 행사와 산림조합에서 주관하는 산림문화박람회 등의 행사를 지속적으로 개최하고 있다. 산림과 관련된 전통 지식, 산림문화

그림 5-19. 대전광역시 계족산 임도에서 개최된 숲속 음악회

자산, 생활 방식, 산림을 대하는 태도 등 보고 즐기고 행하는 모든 체험 활동이 산림문화에 속하며 산림의 기반시설인 임도에서 행하는 활동 또한 여기에 포함된다.

부산 남구 황령산 테마임도는 부산 중심부에 자리 잡고 있으며 산 정상에서 도심지 전역을 내려다볼 수 있고 등산, 트레킹 등으로도 주목받고 있다. 여기에 걷기대회, 시화전, 시산제 등의 지역 행사를 접목하여 부산시민의 대표적 산림휴양지로 자리매김하고 있다.[82]

북부지방산림청과 함께하는 동행 프로젝트인 '우리 같이 숲길을 걸어요' 행사는 국립청태산 자연휴양림에서 개최되었다. 이 행사는 소외계층에 산림복지서비스 접근 기회를 확대하고 이를 통해 누구나 쉽게 누릴 수 있는 국민행복증진에 기여하고 있다. 행사에서는 관내 장애 아동과 보호자를 초청하여 장애 아동의 사회성 발달 및 환

경 감수성 증진을 위한 숲길 걷기, 숲속 음악회, 숲속 보물찾기, 숲속 매직쇼 등 다양한 숲 체험 행사를 하였다. 또한 장애아동 보호자의 정서적 안정 및 휴식을 위한 숲 감상, 힐링 요가 등의 산림치유 프로그램도 함께 제공하였다.

계족산 황톳길에서 열리는 '뻔뻔한 클래식'은 2007년부터 매년 개최되고 있다. 시민들의 문화 향유를 위해 소프라노, 테너, 바리톤, 피아노 등의 공연을 진행한다. 이 숲속 음악회는 사랑의 엽서 보내기, 에코 힐링 사진 전시회 등의 다양한 즐길 거리도 마련하고 있다.

해외 임도 활용 사례

독일

독일은 잘 조성된 숲길과 다목적 임도를 이용한 휴양 활동이 활발한 나라이다. 독일의 자연휴양림은 고유성, 개별성 개발과 함께 다양하고 세분화된 휴양 활동을 제공한다. 독일에서는 산책과 트레킹, 승마가 인기 있는 휴양 활동이다. 산악자전거, 노르딕 워킹, 크로스컨트리 등 숲 휴양 활동은 다목적 임도를 기반으로 이루어진다.[83] 이처럼 독일의 다목적 임도는 산림작업뿐만 아니라 휴양 활동, 생태환경 교육 등을 위해 이용할 수 있으며 휴양 경험을 제공하는 중요한 기반 시설이다. 이에 반해 우리나라는 임도밀도가 낮아 자연 체험과 휴양 문화 확산을 위해서라도 반드시 임도를 확충할 필요가 있다.[84]

독일에서는 시민이 산림을 이용하는 것은 언제나 무료이며 휴양을 위해 숲에 접근할 수 있는 권리를 기본적으로 준다. 시민의 90%

그림 5-20. 시유림을 이용한 어린이 숲 체험 활동(Frankfurter Rundschau, 2019)

그림 5-21. 독일인의 연간 산림 방문 횟수와 산림 여가활동 유형(Federal Ministry of Food and Agriculture, 2021)

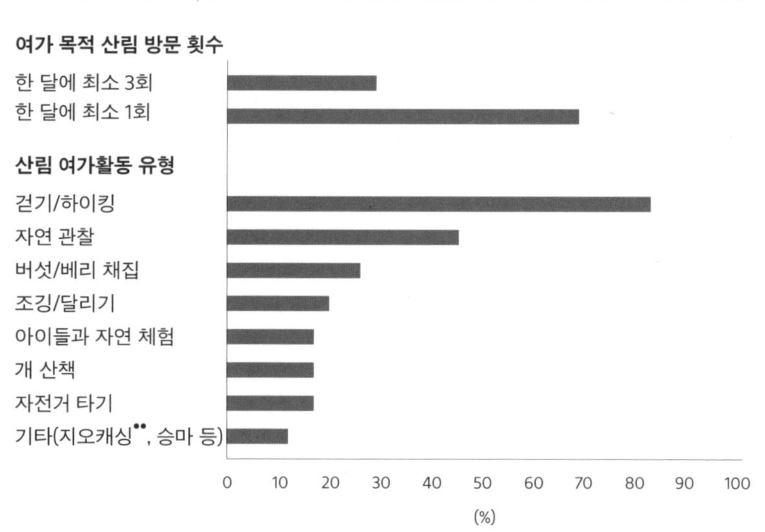

이상이 이 권리를 정기적으로 활용하고 있으며, 숲은 자연을 체험하는 중요한 장소이자 스포츠, 휴양, 여가를 위한 장소로 인식하고 있다.[85]

약 5,785 헥타르의 면적을 가진 독일의 프랑크푸르트 시유림은 독일에서도 큰 숲 중 하나이다. 도시 내 산림을 공원처럼 조성하여 시민들에게 휴식 공간을 제공하는데 19세기 후반부터 인근 지역 주민들에게 중요한 휴양지의 역할을 하고 있다. 숲 속에 조성된 길만 서울~부산 거리인 450km에 달하며 1,600개의 자연 산책로와 산림 레포츠 도로가 있다. 이 길은 시민들의 산책로, 자전거 도로, 벌채 운반용의 임도로 사용되고 있으며, 별도로 80km의 승마길도 조성되어 있다. 시유림 인근의 도시 숲도 마찬가지로 산책, 조깅, 자전거 코스 등으로 이용된다. 임도 주변에는 주차 공간, 자전거 보관대 등의 추가 시설이 갖추어져 있다. 임도에는 잘 연결된 도로망과 도로 구간을 안내하는 이정표까지 설치되어 있어 시민들이 숲길을 즐기며 운동하기에 불편함이 없도록 돕고 있다.[86]

이 시유림은 숲 학습로, 숲 속 운동로, 그릴 장소, 아름다운 호수, 산책로 등 다양한 휴양 시설로 시민을 맞이하고 있어 가족 단위로 즐기거나 어린이들이 마음 놓고 뛰놀 수 있는 장소이다. 또한, 숲을 통한 휴식 공간이자 치유를 위한 요양 장소로도 활용되고 있다.

독일은 풍부한 산림자원과 산악지형을 가지고 특색 있는 요양

• 가중 평균 : 각 항의 수치에 그 중요도에 비례하는 계수를 곱한 다음 산출한 평균. 정밀도나 들어온 양이 같지 않은 물품의 평균 가격처럼 원래의 수치가 동등하지 않다고 생각되는 경우에 주로 사용한다.

•• 지오캐싱 : GPS 기기를 사용하여 특정 좌표를 찾고, 그 위치에 숨겨진 컨테이너(캐시)를 찾는 야외 활동.

활동을 하고 있다. 높은 산악지대를 천천히 걸으면서 요양하는 기후요법으로 시작하여 숲의 경사진 산림지형을 보행하는 산림지형요법으로 이어져 왔으며, 현재는 자연건강 조양법으로 발전된 형태를 보이고 있다. 특히 산림지형요법은 산림지대에 형성되는 독특한 기후, 피톤치드, 오르락내리락하는 지형을 활용한 운동요법 등을 이용하여 산책로, 명상의 길을 만들어 활용한다. 산책로는 산림의 경사도, 거리, 길 상태 등과 지형적 특성을 고려하여 임도나 숲길을 활용하고, 보행 코스, 속보 코스 등 난이도를 다양하게 구성하여 보조적 치료 장소로 활용하고 있다.

미국

미국의 임도는 휴양 활동에 활발하게 이용된다. 사람들에게 휴양을 즐길 기회를 제공하는 한편 자동차를 이용하여 캠핑장, 피크닉장, 리조트, 스키장과 같은 여러 시설에 쉽게 접근할 수 있도록 조성되어 있다. 국가임도체계NFS에 따르면, 1996년 차량 통행의 36%가 산림휴양 활동이었다. 1990년 이후 국유림에서는 목재수확 작업 및 운재차량의 임도 이용 수요가 감소하였지만, 산림휴양을 위한 임도 이용은 1950년에 비해 10배 이상 증가하였다. 현재, 미국연방산림청은 산림휴양 활동을 위해 〈Our online visitor map〉을 통해 다양한 활동 종류와 장소를 제공하고 있다.[87]

미국 연방정부에서 제공하는 가장 중요한 야외 산림휴양체계 중의 하나는 국립 자연탐방로 시스템National Trail System이다. 이 시스템은 국립 경관 자연탐방로National Scenic Trails, 국립 역사 자연탐방로National Historic Trails와 국립 휴양 자연탐방로National Recreation Trails로 구성되어 있다.[88] 국립 휴양 자연탐방로 프로그램은 1968년 〈국립자연탐방법〉에 의해 만들어졌다. 2022년 현재 1,341개의 휴양 탐방로와 휴양 물길이 있고, 50개 주 모두 국립 휴양 자연탐방로가 있으며 총 길이는 3만533마일이다.[89] 이를 통해 임도를 포함한 국립 휴양 자연탐방로가 산림휴양활동을 활성화하는데 큰 비중을 차지하고 있다는 것을 알 수 있다.

야외 활동과 더불어 최근 전 세계 의료계와 공중보건계 전문가들 사이에 자연 처방에 대한 관심이 높아지고 있다. 미국도 전 지역에서 산책로를 활용한 자연처방 프로그램을 제공하고 있다. 2013년부터 비영리단체인 미국 자연처방기관Park Rx America을 설립하여 만성질환으로 인한 의료 비용 부담을 줄이기 위한 프로그램을 운영하고 있다.

뉴멕시코주 산책로 활용 처방Prescription Trails은 비만 감소를 중요한 목표로 하여 산책로에서 신체 활동량을 증가시키는 프로그램을 진행한다. 워싱턴주 자연 처방Parkscription은 환자들이 야외에서 시간을 보내도록 처방한다. 기억력 개선, 혈압 완화, 불안감 해소, 우울증 완화, 암 위험성 감소 등을 위해 의사가 환자에게 적합한 공원을 찾아 처방하는데 산책, 하이킹, 어린이 프로그램, 자전거 타기, 패들링, 여성 프로그램 등 다양하게 구성되어 있다. 피츠버그시 자연 처방PARKS RX은 환자의 건강 상태를 확인하고 지역의 공원 플랫폼을 이용하여 공원에서 개발된 프로그램을 활용한다. 자연 처방 프로그램으로 지오캐싱, 산책, 달리기, 자전거타기 등의 활동을 주로 한다. 필라델피아시 자연 처방Nature PHL은 지역 공원, 산책로, 녹지에서의 신체 활동을 통해 건강을 증진하도록 도와주는 프로그램이다.[90]

그림 5-22. 미국 자연처방기관 분포 지도(Park RX 홈페이지)

그림 5-23. 미국 워싱턴주의 숲 유치원 활동

이 밖에 산림을 이용하여 숲 유치원이나 산림생태교육의 활동 장소로 이용하는 사례도 증가하고 있다. 숲 유치원은 숲의 소중함과 중요성을 어린이들이 스스로 체험할 수 있도록 모든 수업과 활동이 숲속에서 이루어진다. 이 때, 숲으로의 접근성을 높이고자 임도를 활용할 수 있다. 임도는 숲 유치원이나 숲 체험 교육의 활동 장소인 산림의 공간적 활용성을 높여주는 역할을 한다.

일본

일본의 임도는 본래 목적인 산림경영 및 목재 생산에 주로 사용되고 있으며, 자연환경이 잘 보존된 지역은 테마임도나 국가 숲길로 조성하여 국민에게 산림치유 장소로도 제공하고 있다. 산림욕의 인기로 산림치유에 대한 관심과 수요가 증가하자 일본 임야청은 2004년부터 산림치유에 관한 국가 프로젝트를 시작하였다. 그 결과, 산림욕의 생리적 효과가 과학적으로 규명된 곳을 선정하여 산림테라피 기지森林セラピー基地와 산림테라피 로드森林セラピー ロード를 인증하였다. 산림테라피 로드는 20분간 걸을 수 있는 산책로를 한 단위1 unit로, 지형이나 풍경 등 산림치유효과가 있는 환경 인자가 잘 조합된 산책로를 말한다. 주로 완만한 경사로 구성되어 있고 일반 보도보다 폭이 넓어 걷기 쉽게 배려된 코스이다. 대부분 기존의 관광, 체험 위주의 산림휴양 목적으로 활용하던 숲길 및 관련 시설을 건강 증진과 질병 치유의 개념인 산림테라피 로드로 전환하여 프로그램을 개발하고 운영한다. 현재는 64개소의 인증된 숲이 일본 전역에 분포한다.[91]

일본은 임도를 활용하여 여가를 즐기는 사람들을 위해 임도 코스에 관한 소개 책을 출판하고 있다. 또한 산악자전거, 오토바이 등을 이용한 임도 투어가 진행되고 있다. 국토의 70%가 숲으로 둘러싸인 일본은 전국의 국유림에 휴양림을 조성하여 중장거리 숲길 걷기, 등산, 스키, 산악자전거, 산림테라피, 소풍 등 다양한 활동을 진행하고 있다. 휴양림은 경치가 아름답고 건강과 산림휴양에 적합한 곳으로 자연 관찰과 학습에도 이용되고 있다.[92]

그림 5-24. 우소야마 테라피 로드(宇曽山セラピーロード) 안내(https://www.oita-foresttherapy.jp/files/Road/0/Road_5_pdf.pdf)

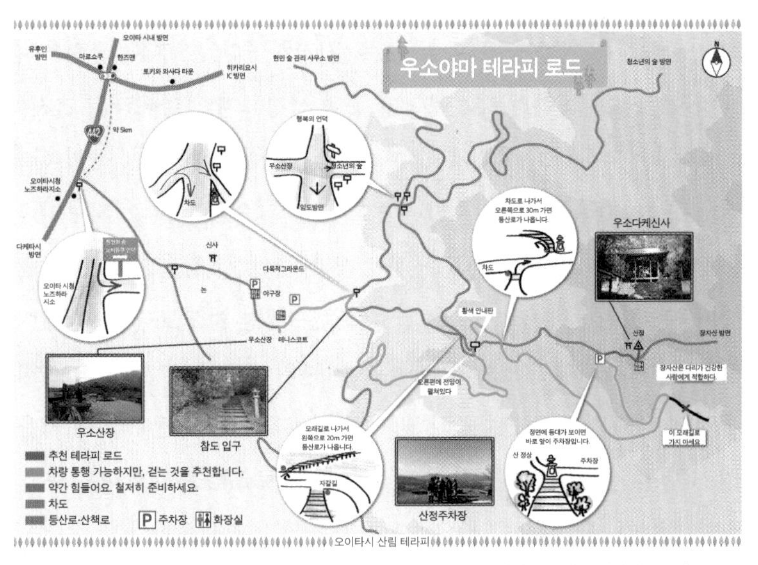

우소야마 산장부터 산 정상까지 등산로(참도)를 따라가면 1시간 20분이 걸립니다. 아래로 내려가는 등산로를 이용할 수도 있지만, 차도를 이용하면 1시간 10분이 소요됩니다. 등산로는 여름에 모기가 많으므로, 모기 퇴치 스프레이를 사용하는 것이 좋습니다. 임도 종점의 주차장에서 차로 가면 산 정상까지 15분이 걸립니다. 주차장과 산 정상은 전망이 좋습니다.

4. 임도에 대한 사회의 시각

언론을 통해 본 임도

2021년 5월부터 2023년 12월까지 '임도'와 관련된 언론 보도자료는 총 526건이 보도되었다. 임도에 관한 국내 언론 동향을 알아보기 위해 텍스트 마이닝 기법을 이용하여 빈도 분석과 역문서 빈도TF-IDF에 따른 중요도 분석을 실시하였다. 그 결과 산불, 진화, 산사태, 확충, 대응 등과 같은 단어가 높은 빈도로 출현하였고, 중요도 또한 높게 조사되었다.

특히 산불 및 이와 관련된 진화, 대형과 같은 단어가 출현 빈도와 중요도에서 모두 높은 순위를 차지하였다. 이러한 경향은 최근 대형산불 발생 빈도가 잦고 엄청난 규모의 피해를 겪으면서 산불에 대한 국민들의 관심이 자연스럽게 증가하였기 때문이다.

산불 진화 및 방지를 위한 임도의 역할에 대한 언론 보도 사례는 쉽게 찾아볼 수 있었다. "합천 산불 계기 '임도 확대' 재조명… 없으

그림 5-25. 임도 관련 보도자료 내 출현 빈도에 따른 단어 순위

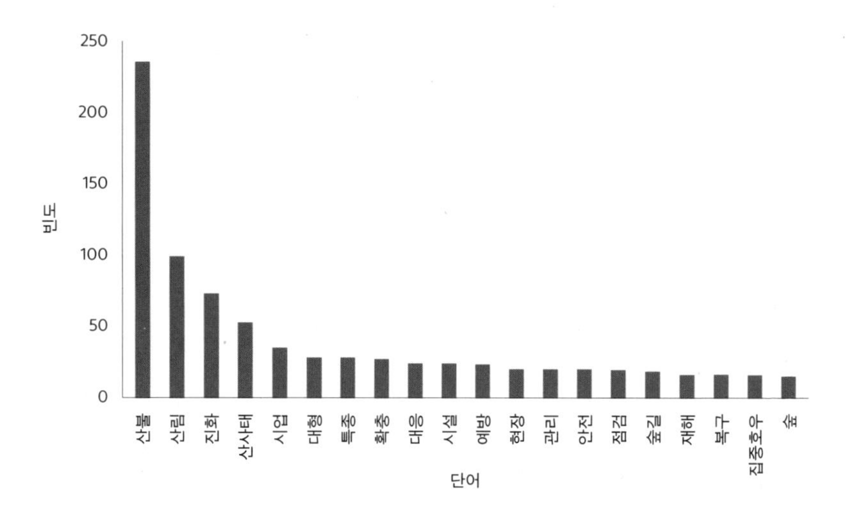

그림 5-26. 임도 관련 보도 자료 내 중요도에 따른 단어 순위

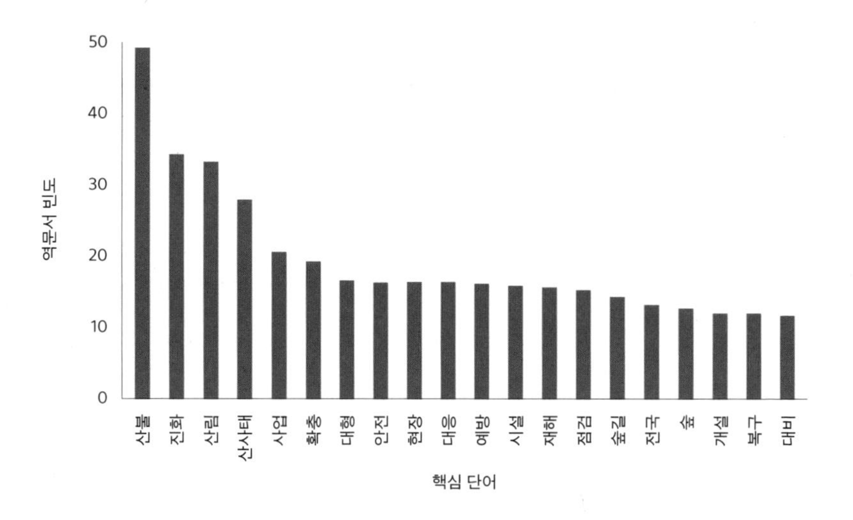

그림 5-27. 임도 관련 보도자료 내 다수 출현 핵심어들

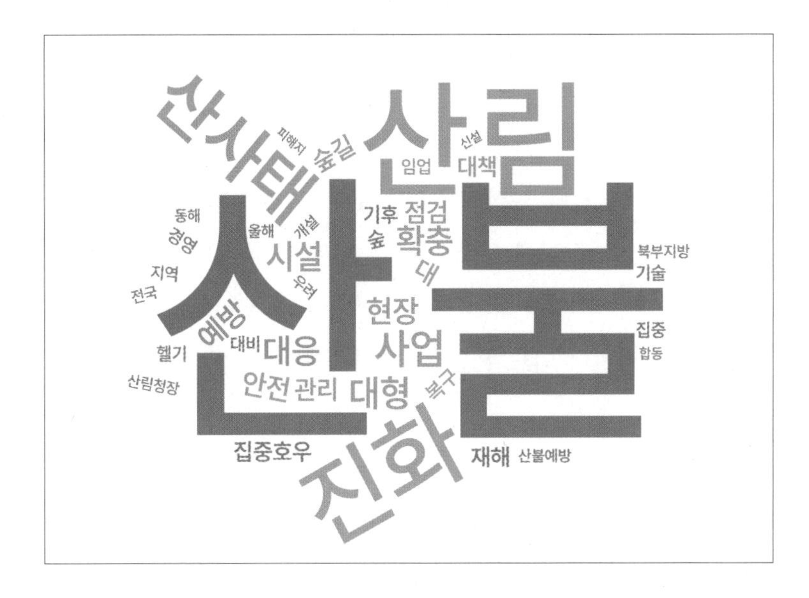

그림 5-28. 임도 관련 보도 자료 내 역문서 빈도 기반 중요 핵심어들

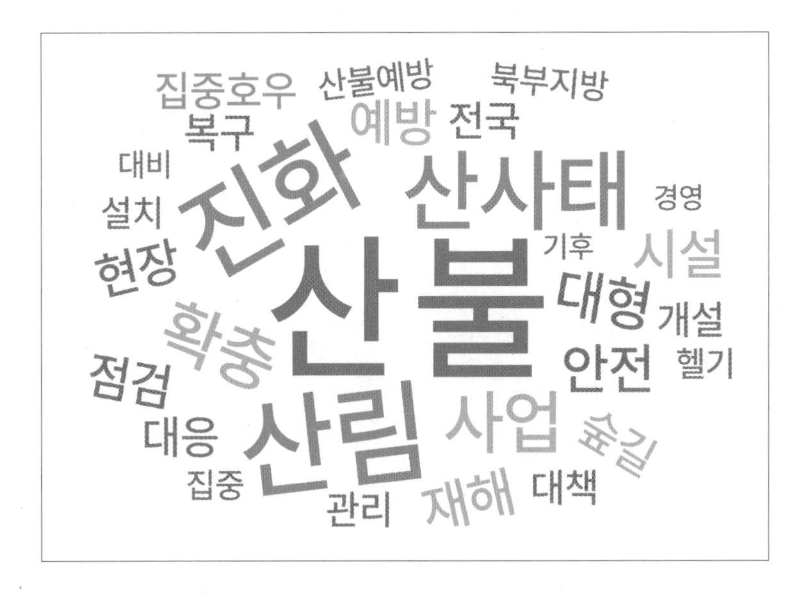

면 접근 못해 속수무책"(뉴스1, 2023년 3월 10일자), "산불 보고도 '발 동동'… "여기서 끝" 장비 들고 걷는다"(SBS, 2023년 3월 28일자)는 임도 개설 여부에 따라 야간 산불 진화율에 큰 차이를 나타낸 2023년 합천 산불과 2023년 하동 산불의 사례를 들어 임도 확충의 필요성을 피력하였다. 또한, "임도 덕분에 500년 산림성지 울진 금강송 군락지 지켰죠."(이데일리, 2023년 10월 31일자)와 같은 보도 사례를 통해 2022년 삼척-울진 산불 발생 당시 울진 소광리 금강송 군락지를 보호하는데 임도가 중요한 역할을 한 사례를 파악할 수 있었다.

일각에서는 임도로 인해 산불의 규모가 커진다는 주장 또한 존재했다. "밀양 산불 키운 주범은 산림청… 현장에 남은 끔찍한 증거들"(오마이뉴스, 2022년 6월 22일자), "잦은 대형산불의 진짜 원인, 산림청이 알고도 감췄다"(오마이뉴스, 2023년 4월 12일자)과 같은 사례에서는 경험적 근거에 기반하여 임도를 통해 산불이 확산되는 경향이 있다고 보도한 바가 있다. 지형 및 연료 조건 등 주위 여건에 따라 일부 지역에서 임도를 따라 산불이 확산되는 것처럼 보일 수도 있다. 그러나 임도가 산불 관리에 큰 역할을 수행한다는 것은 이미 다수의 연구 결과와 사례를 통해 검증된 결과이다.

2023년 기준 우리나라의 임도밀도는 4.1m/ha로 다른 산림선진국에 비해 현저히 낮다. 따라서 산림경영뿐만 아니라 산불 관리 측면에서도 임도를 지속적으로 개설하는 것이 필요하다. 따라서, 임도 개설 필요성을 피력하고 이에 따라 효과적인 산불 관리를 하기 위해 '확충', '대응'과 같은 단어가 빈번하게 출현한 것으로 파악된다.

한편, '산사태' 또한 출현 빈도와 중요도 모두 높게 나타난 것을

표 4-3. 최근 2년간 국내 주요 대형산불 발생 현황(산림청, 2023)

발생 지역	피해면적(ha)	발생 시기
경상북도 영덕군	405	2022. 2. 15.
대구광역시 달성군	112	2022. 2. 26.
경상북도 합천군, 고령군	675	2022. 2. 28.
강원도 삼척시, 경상북도 울진군	20,923	2022. 3. 04.
강원도 강릉시, 동해시	4,000	2022. 3. 08.
경상북도 봉화군	120	2022. 4. 05.
강원도 양구군	759	2022. 4. 10.
경상북도 군위군	347	2022. 4. 10.
경상북도 울진군	145	2022. 5. 28.
경상북도 밀양시	763	2022. 5. 31.
경상북도 합천군	163	2023. 3. 08.
대전광역시 서구, 충청남도 금산군	889	2023. 4. 02.
충청남도 홍성군	1,454	2023. 4. 02
전라남도 함평군	475	2023. 4. 03.
전라남도 순천시	150	2023. 4. 03.
경상북도 영주시	210	2023. 4. 03.
강원도 강릉시	379	2023. 4. 11.

확인할 수 있다. 산사태는 여름철 집중호우 기간에 특히 많이 발생한다. 2023년에는 '극한호우'라는 단어가 처음 등장할 정도로 기록적인 강우가 발생하였는데, '산사태'의 출현 빈도는 2년 전인 2021년 190건에서 2023년 2,410건으로 약 12.7배 정도 증가하였다. 실제 피해 규모 또한 증가하여 다수의 인명 피해 등 큰 피해가 발생하였다. "창원 쌀재터널 산사태, 산림청의 과도한 임도 개설 때문"(오마이뉴스, 2023년 8월 16일자), "임도가 산사태 원인?… 대책 세워

야"(KBS, 2023년 8월 18일자)와 같이 산사태 피해가 발생할 때마다 주요 원인으로 임도가 지목되기도 했다. 지방자치단체 및 국유림관리소에서는 임도시설의 유지 관리를 위해 시설, 안전 점검을 실시하는데 이에 따라 '재해', '시설', '점검', '관리'와 같은 단어들이 동시에 빈번하게 출현한 것으로 보인다.

종합적으로 약 2년간 임도 관련 보도 기사의 핵심어로 '산불', '산사태'와 같은 산림재해가 임도와 연관하여 많은 관심을 받았다. 산불과 관련된 보도 기사에서는 임도의 산불 진화 효과가 부각되는 동시에 산불의 원인으로 지적되기도 했다. 산사태와 관련된 보도 기사에서는 임도가 산사태 발생의 원인으로 꼽혀 여름철 집중호우 시기 전·후로 실시하는 시설 점검 및 유지 관리에 대해 주로 언급한 기사가 많이 등장하였다. 즉, 산림재해 관점에서 임도에 대한 긍정적 인식과 부정적 인식이 혼재한 상황이다.

임도 = 자연기반해법

자연기반해법Nature-based Solutions•은 우리 사회가 겪고 있는 여러 문제를 효과적으로 그리고 환경친화적으로 해결하기 위한 접근 방법이다. 자연을 단순하게 보호 관리의 대상으로만 여기지 않고, 자연과 생태계가 제공하는 다양한 기능과 서비스가 현재 우리가 마주하고

• 자연기반해법이라는 용어는 2002년부터 사용되기 시작했으나 2008년 세계은행 보고서(World Bank)와 2009년 세계자연보전연맹의 성명서(IUCN)를 통해 본격적으로 등장하였다.

있는 다양한 환경문제 해결에 도움을 줄 수 있다는 점에 중점을 둔 실용적이고 환경친화적인 접근방법이라 할 수 있다.

임도는 회색기반시설gray infrastructure이자 녹색기반시설이다. 임도는 개발 측면에서 회색기반시설로 인식하기 쉽지만, 산림의 탄소 경영과 자원 관리를 위한 넓은 개념에서 녹색기반시설에 더 가깝다고 할 수 있다. 임도는 산림환경보전과 자원경영관리를 위한 시설이자 자연과 사람을 이어주는 통로이다. 임도는 인류가 만든 도로 중에서 가장 환경친화적인 구조물이다. 임도가 가지고 있는 고유의 기능과 역할을 이용하여 산림이 마주하고 있는 기후변화, 자연재해 등의 환경문제에 보다 적극적으로 대응할 수 있다.

임도와 같은 녹색-회색기반시설은 서로 기능을 강화하고 결점을 보완한다. 서로 대립되는 시설이라고 인식하기 쉽지만, 이러한 특성을 잘 이용할 수 있다면 상대적으로 낮은 비용으로 효용가치가 높은 해결 방안이 될 수 있다.

1999년 환경친화적 임도 정책이 시행된 이후, 임도의 설계-시공 과정에서 콘크리트 등의 인공 시설물을 최소화하고 주변의 간벌목이나 자연석을 이용한 자연친화형 구조물 도입을 적극 장려하고 있다. 또한 임도의 배수체계도 지형의 형상을 고려한 자연배수체계를 우선 도입하도록 하고 있다. 뿐만 아니라, 야생 동식물에 대한 영향을 저감하기 위해 임도 비탈면 녹화와 이동 통로, 소규모 서식지 등을 계획하고 조성하기 위해 많은 노력을 하고 있다.

우리 사회가 직면한 다양한 문제의 해결 방안을 찾기 위해 녹색기반시설과 인공구조물 중심의 회색기반시설을 함께 적용하여 그 효과를 증진시킬 수도 있다. 유럽연합과 일본에서는 홍수와 지진, 해

그림 5-29. 자연기반해법 개념(IUCN, 2016; 오일영 등, 2023)

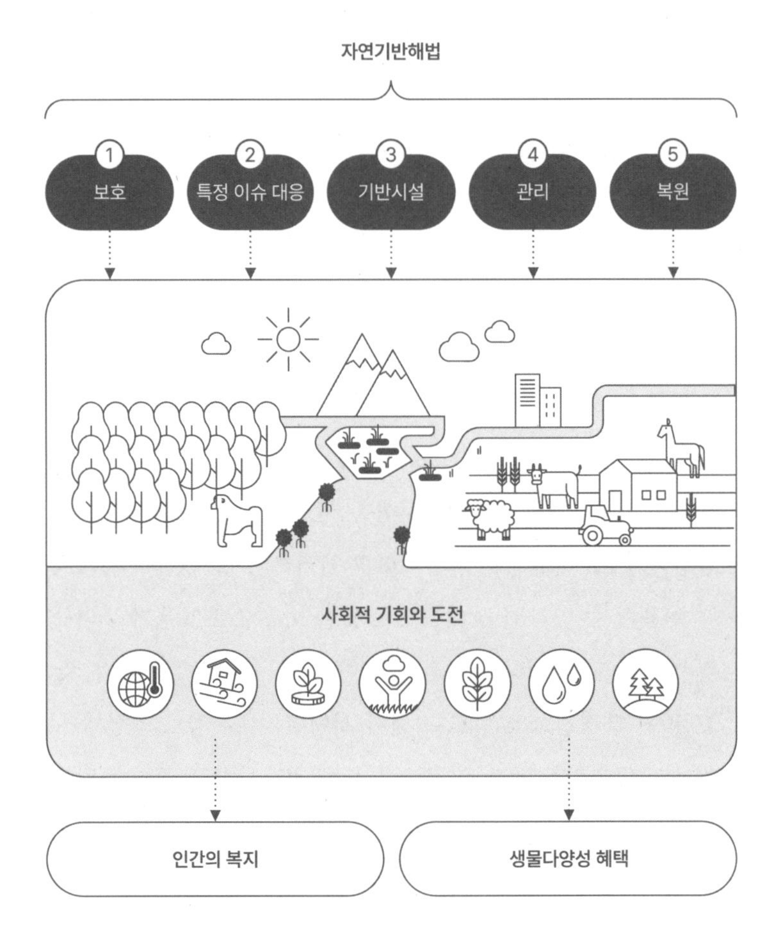

일 같은 자연재해 위험을 저감하기 위해 녹색기반시설 개념에 회색 기반시설을 함께 적용한 생태계 기반 재난위험저감Eco-DRR: Ecosystem based Disaster Risk Reduction까지 확대하고 있다.[93]

그림 5-30. 주변의 자연 재료를 활용한 임도 구조물 및 수변공간 조성 사례

• 지속가능하면서 회복탄력성(resilience)이 높은 개발을 목표로 재해 위험을 저감하기 위해 생태계를 지속가능하게 관리, 보전, 복원하는 능력을 의미한다.

ESG + 임도

ESGEnvironmental, Social, Governance는 기업의 창조적 성장을 통한 지속가능성을 확보하기 위해 필요한 핵심 요소이자 중요한 도구라고 할 수 있다. 최근에는 기업의 경영과 사회적 책임에 한정되어 사용되지 않고 점차 사회적인 의사결정과정에도 사용되고 있다. ESG는 절대적인 행동 양식을 규정하기보다는 사회 발전을 위한 전략적 패러다임이며, 공통된 목표를 이루기 위한 다양한 방법을 포함한다. 환경오염이나 무분별한 개발로 인한 훼손과 같이 환경적, 윤리적 이슈는 기업의 이미지나 제품에 대한 부정적 영향을 미치고 소비자들은 결국 이런 기업을 외면하게 된다.

임도의 확충을 비롯한 산림산업에 있어서도 예외는 아니다. 임업의 지속가능성과 산림탄소경영의 기반이라 할 수 있는 임도 확충에 있어서 ESG를 이전보다 더 적극적으로 도입해야 한다. 임도는 산림환경에 물리적인 변화를 만들고 그 기능을 발휘하기 위해 오랜 기간동안 유지관리하는 행위이기 때문에 자연을 존중하고 배려하는 친환경적인 시설로 잘 만들어야 할 책임이 있다. 이는 산림경영 성과에 긍정적 영향을 미치고 산촌을 비롯한 사회 전반의 생활환경 향상에도 기여하는 행위이기도 하다.

과거에는 ESG가 기업의 경영 전략과 같은 도구였다면, 점점 더 기업의 윤리적 책임이라는 측면에서 ESG의 중요성이 부각되고 있다. 제조업을 비롯한 산업 전반에 걸쳐 관심은 앞으로 크게 증가할 것이다.

6

미래의 임도

1. 임도의 가치

전 세계 여러 곳에서 과거 인류가 경험하지 못한 이상기상이 자주 나타나고 있으며, 이로 인해 막대한 인명 피해와 재산 손실을 유발하고 있다. 이러한 오늘날의 기후변화는 기후위기를 넘어 기후재난으로 인식되고 있다. 기후재난의 주요 원인은 인간 및 산업 활동 과정에서 발생하는 이산화탄소로 알려져 있다. 그래서 국제사회는 온실가스 감축을 통해 지구를 살리고자 안간힘을 쏟고 있다.

기후변화에 관한 정부간 협의체는 보고서에서 지구 온도 상승 폭의 마지노선인 1.5℃를 유지하려면 세계 온실가스 순 배출량을 2019년 대비 2030년까지 43%, 2050년까지는 84% 감축해야 한다고 강력하게 주장한다. 절대 쉽지 않은 일이지만 지구를 온전히 유지하기 위해 반드시 따라야 하는 목표이다. 우리나라도 온실가스 감축을 통해 탄소중립을 실현하기 위해 모든 경제 주체들이 머리를 맞대고 묘책을 찾고 있다.

목재는 온실가스인 탄소를 오랫동안 저장할 수 있는 몇 안 되는 육상 자원이다. 나무는 생장하는 데 필요한 에너지원을 만들기 위해 대기 중에 존재하는 탄소 물질을 흡수하는데 흡수된 탄소는 나무가 죽어 썩기 전까지 온전히 식물체 내에 저장된다. 지구 상에는 몇백 년 이상 사는 나무도 있지만 대부분의 나무는 정해진 수명을 다하면 죽어 썩게 된다. 이때 나무 속에 저장된 탄소가 다시 대기 중으로 배출된다. 자연 상태로 나무를 내버려두어 나무가 살아있는 생육기간 동안 탄소를 가두어 두는 것도 좋지만, 나무를 베어 주택이나 가구를 만들어 이용한다면 더 오랜 시간 안전하게 탄소를 잡아둘 수 있다. 이러한 이유로 목조주택이나 목가구의 이용은 지구를 살리는 현명한 자원 이용이라 부른다.

우리나라는 한때 무분별한 벌채와 침략 수탈로 숲이 망가지고 황폐했던 뼈아픈 역사를 가지고 있다. 하지만 푸른 숲을 만들려는 온 국민의 노력과 열망으로 이제는 전 세계 어느 나라와 견주어도 절대 부끄럽지 않은 좋은 숲을 가지게 되었다. 주위 어디를 둘러보아도 빽빽하고 울창한 숲이 병풍처럼 우리를 에워싸고 있다. 한가지 아쉬운 점은 우리의 숲이 혈기왕성한 청년 숲을 지나 세월을 품은 노년의 나이 많은 숲으로 나아간다는 점이다. 사회 고령화가 이제 우리의 숲에서도 진행되고 있다.

사람도 그렇지만 나무도 생장 활동이 왕성한 청년기에 광합성을 더 많이 한다. 광합성을 많이 한다는 것은 대기 중 탄소 흡수 능력이 뛰어나다는 것을 의미한다. 나무도 나이가 들어 생장이 느려지면 광합성 능력이 저하되고 상대적으로 탄소 흡수량도 줄어든다. 우리 정부는 숲을 이용하여 더 많은 탄소를 흡수하고 저장하기 위한 장기 계획을 발표하였다. 여기에는 상대적 생장량이 좋지 못한 인공조림지의 늙은 나무는 베어내어 사용하고 그 자리에 어린나무를 새로 심는다는 내용이 있었다. 이 과정에서 환경훼손에 대한 논쟁으로 사회적 갈등을 일으키기도 하였다.

숲은 그 자체만으로 뛰어난 경관을 구성하고 우리가 미쳐 다 알지 못하는 수많은 공익 서비스를 제공한다. 숲을 이루는 나무는 지구상의 다른 모든 생물체와 같이 흙에서 태어나 살다가 죽어 다시 흙으로 돌아간다. 우리가 천연림이라 부르는 숲은 이러한 자연의 섭리를 따라 흘러간다. 처음부터 목재 생산을 위해 조성한 인공림은 천연림과는 달리 적정한 시기가 되면 다 자란 나무를 베어 내고 그 자리에 어린 나무를 심는 순환적인 산림경영 방식으로 관리된다.

우리가 흔히 말하는 목재 수확은 보통 인위적으로 만든 인공림에서 이루어진다. 당초 계획 단계에서 숲의 관리 목표와 순환주기를 정하고 이에 적합한 나무를 심고 가꾸는 긴 여정을 시작한다. 다 자란 나무는 수확하여 이용하게 되는데, 이 때에도 무분별한 벌채 수확을 방지하기 위하여 나무에 따라 최소 생장기간인 벌기령을 법으로 규제하여 미처 자라지 못한 어린 나무를 베지 못하도록 하고 있다.

일상에서 플라스틱 제품을 대신하여 숲에서 자란 목재를 이용하는 것은 탄소를 오랫동안 나무 안에 가두어 탄소 흡수를 늘리는 것과 같다. 그렇다면 무조건 목재를 이용하는 것이 모두 다 지구를 살리는 현명한 일이라 할 수 있는가? 우리나라에서 먼 곳에 있는 캐나다나 뉴질랜드 숲에서 자란 나무를 수입하여 이용하는 것도 과연 탄소 흡수라 할 수 있는가? 물론 나무가 자라는 데에는 엄청난 양의 탄소가 필요하지만 숲에서 자란 나무를 멀리 우리나라까지 가져오는 데는 더 많은 탄소가 배출된다. 캐나다나 뉴질랜드에서 선박을 이용하여 인천항까지 오기에는 보통 바닷길을 따라 몇 달이 소요된다. 이 긴 여정에서 화석연료를 태워 대형 선박을 움직이는 동안 엄청난 양의 탄소가 대기 중으로 배출된다.

2000년대 들어 크게 각광받는 푸드 마일리지가 있다. 생산지와 소비지의 거리를 줄여 안전한 먹거리를 공급하고 탄소 배출을 최소화하자는 운동으로 일본의 '지산지소地産地消', 북미의 '100마일 다이어트', 우리나라의 '로컬푸드local food'가 대표적이다. 이와 유사하게 최근에는 '로컬우드local wood'가 있다. 로컬우드는 그 지역에서 생산된 목재를 의미한다. 부피가 크고 무거운 목재는 운송에 많은 에너지가 필요하고, 이 과정에서 상당한 양의 탄소를 발생시킨다. 따라서 수입 목재 대신 국산 목재를 활용하면 그만큼 탄소 배출을 줄일 수 있다. 기후변화에 관한 정부간 협의체에서는 자국 산림에서 생산한 목재제품을 자국에서 소비하여 탄소 배출을 지연한 효과만 탄소 저장으로 인정한다. 예를 들어, 건축에 사용한 목재는 35년 동안 탄소를 저장하고 있는 것으로 인증한다.

우리나라의 국산 목재 이용률은 17%를 넘지 못한다. 우리 주변에서 사용되고 있는 목재가구나 목제품은 대부분 수입한 원재료를 가공하여 만든다는 의미이다. 숲에는 나무가 울창하고 산림녹화 성공국이라 말하면서도 정작 우리 생활에 필요한 나무는 모두 수입하고 있다. 비유하자면 부자가 은행에 많은 돈을 예금하면서 생활비는 주변에서 빌려 쓰고 있는 형국이다.

국산 목재를 적극적으로 이용하지 못하는 이유는 다양하다. 환경적 논쟁을 넘어서라도 숲에 있는 나무를 수확하여 이용하는 것보다 해외에서 수입하여 사용하는 것이 경제적으로 유리하기 때문

그림 6-1. 산지에서 수확되어 쌓여 있는 국산 목재(산림청)

이다. 목재 수확 작업에 드는 비용이 너무 비싸고 원목을 운송하는 데도 너무 큰 비용이 지급되기 때문이다. 한편으로, 우리나라 임도에서는 길고 큰 목재를 실어 나를 수가 없어 어쩔 수 없이 원목을 작은 길이로 토막 내 이동한다. 숲에 있는 나무는 길고 웅장했지만 베어지는 순간 작은 토막으로 쪼개져서 목재 가치가 보잘것없어지는 것이다. 결국 고급 용재 보다는 건축재나 펠릿 등 비교적 부가가치가 낮은 용도로 이용된다.

우리 숲에서 가꾸고 자란 나무를 제대로 이용하려면 목재 수확 비용을 줄여 해외 수입 목재에 대응해 가격 경쟁력을 갖추어야 하며, 길이가 길고 굵은 목재를 생산하여 부가가치를 높여야 한다. 결국 목재 수확 작업의 기계화를 통해 생산비를 낮출 수밖에 없으며, 무엇보다 쓸모 있는 목재를 산에서 가져올 수 있는 운송 수단이 잘 갖추어져야 한다. 임도는 임업기계화를 위한 기반시설로, 잘 계획된 임도가 없으면 아무리 크고 좋은 나무라도 산에서 가져올 방법이 없다.

2. 임도의 과제

우리나라의 초창기 임도는 독일, 일본 등 해외에서 수입된 이론과 기술로 만들었다. 처음에는 빠르게 임도를 개설하는 것을 위주로 하는 양적 목표를 중시하였다. 결과적으로 짧은 기간에 임도를 많이 만들어 산림녹화나 산림보호에 어느 정도 효과를 거두었다. 그러나 물량 위주의 임도 정책은 환경훼손과 산림재해라는 문제에 부딪히게 되었고, 이러한 이유로 임도 정책이 잠시 위축되기도 하였다. 하지만 임도의 당위성이 다시 부각되고, 친환경적 시공 기술과 재해예방 대책을 병행하는 임도 정책을 통해 오늘날의 임도망을 갖추게 되었다.

임도는 산림경영을 위한 필수 요소이며, 숲다운 숲을 가꾸기 위해 반드시 갖추어야 할 기반시설이다. 우리나라는 2023년 기준 4.1m/ha인 임도망을 점차 확충하여 2030년에는 5.5m/ha까지 임도 밀도를 높이고자 한다. 지속적인 임도 개설과 임도망 확충에 대한 당위성은 국민 대부분 인식하고 있으나, 임도에 대한 부정적 인식은 여전해 임도 사업은 생각만큼 활발하게 추진되지 못하고 있다.

재해에 강하고 친환경적 임도는 반드시 달성해야 할 임도 사업의 절대 목표이다. 우리나라 기후를 살펴보면 강우량의 대부분이 6~8월의 여름철에 집중하여 내리며, 태풍 내습이나 국지성 호우로 인한 집중강우 현상이 매년 반복하여 발생하기 때문에 산림 내 인위적 시설의 재해 위험은 항상 존재한다. 임도는 대부분 경사가 급한 산지사면을 가로질러 놓이고 무수히 많은 계곡부를 통과하기 때문에 강우에 의한 유실이나 붕괴에 특히 취약하다.

흔히들 임도가 산사태를 일으킨다고 알려진 것도 이 때문이다. 임도 노선은 가급적이면 등고선을 따라 계획하는데, 이는 임도의 종단 경사를 완만하게 하여 임업 기계나 차량이 원활하게 이동하도록 하기 위함이다. 평탄지나 경사가 완만한 지형에서는 등고선을 따라 임도를 개설하는 것에 큰 어려움이 없으나 우리나라와 같이 경사가 급한 산지에서는 도로 폭만큼 산자락을 잘라내는 막대한 토공 작업이 필요하다. 산지 비탈면의 땅깎기 작업은 작업 시간과 공사 비용이 많이 소요되고, 암반을 폭파하거나 중대형 공사 기계를 이용하여 단단한 토층을 파내어야 하는 번거로움이 있다. 또한, 절토나 절취 작업에서 발생하는 흙이나 암석을 운반해야 하는 작업 공정도 필요하다.

이런 이유로 인해 임도를 계획하는 단계에서는 가능하면 땅깎기 작업이 적을수록 유리하다. 그래서 일부만 절토한 후에 깎아낸 토석을 임도 아래쪽에 쌓아 평탄한 임도 폭을 확보하는 방법을 널리 이용하였다. 이러한 작업 방식은 땅깎기 작업에서 발생한 잉여의 토석을 작업지 외부로 반출할 필요 없이 흙쌓기 비탈면을 만드는데 이용하기 때문에 공사 비용면에서도 매우 경제적이다. 도시나 농촌에서는 흙쌓기를 하기 전에 반드시 옹벽이나 흙막이 구조물을 설치하여 인위적으로 쌓은 토석이 흘러내리거나 무너지지 않도록 단단히 지지하는 방법을 사용한다. 하지만, 산지에서는 옹벽과 같은 단단한 구조물을 만들기 어려워 암석이나 흙의 마찰이나 다짐에 의해 자연스러운 경사면을 이루는 방식을 채택한다. 여름철 임도에서 발생하는 유실이나 붕괴 사고는 대부분 이러한 흙쌓기 경사면이 무너져서 생기는 경우가 많다. 그렇다고 흙쌓기 비탈면 없이 필요한 임도 폭을 확보하는 것은 큰 비용과 시간이 필요하며, 작업 여건에 따라 불가능한 대상지도 있다.

임도 유실이나 흙쌓기 비탈면 붕괴는 자칫하면 하류 지역의 산림재해를 가져올 수 있다. 임도에서 발생한 토사가 급한 경사를 따라 물과 함께 이동하면 운동에너지가 커져 토석류로 발전하게 되며, 어떤 경우에는 하류에 위치한 주택이나 시설물을 매몰시켜 재해를 유발한다. 사회 전반적으로 산지재해에 대한 관심과 안전에 대한 인식이 확산되어 이제는 재해 위험이 높은 곳은 가급적이면 흙쌓기 비탈면이 없는 땅깎기 공사만으로 임도 폭을 확보하도록 하고 있다. 현실적으로 흙쌓기 비탈면을 만들 수밖에 없는 지역은 임도 하류의 피해 예방을 위한 사방 시설을 갖추도록 하고 있다.

숲을 가꾸고 경영하기 위해 적절한 임도망은 필수불가결한 요소이지만, 임도로 인한 환경훼손을 최소화하는 것이 오늘날 임도가 직면한 당면과제 중 하나이다. 임도를 만들기 위해 땅을 파거나 깎아내는 공사가 진행되는 과정에서 숲의 표토가 노출되고 주변 경관이 일시적으로 훼손된다. 임도가 건설된 해에는 마치 산허리를 감싸고 생채기가 난 것처럼 보인다. 하지만 한 해 두 해가 지나가면 주변의 식생이 자연스럽게 침입한다. 한편 토양 환경이 좋지 못한 비탈면에는 인위적인 식생 복원을 시행하여 원래의 모습을 빠르게 회복하는 것이 보통이다. 물론, 어떤 방식으로든 임업 장비가 할퀴고 간 흔적은 남을 수밖에 없지만, 우리가 생각하는 만큼의 산림훼손은 잘 나타나지 않는다. 우리나라의 임도 정책은 1999년부터 '환경친화적 녹색임도'로 전환되어 임도 건설 과정에서 야기되는 경관 훼손을 최소화하여 숲 본래의 모습을 보여주도록 시공 후 적절한 산림복원을 시행하고 있다.

임도는 주기적인 관리와 점검으로 지속적으로 유지하고 관리해야 비로소 안전하고 오랫동안 이용할 수 있다. 국가 임도망의 유지관리는 전문기관을 통해 이루어지고 있으나 임도 신설과 비교하여 그 중요성이 평가절하되고 있는 형편이다. 임도 개설로 인한 산림훼손을 줄이고, 재해 안정성을 지속적으로 확보하기 위해서는 임도를 과학적으로 관리하는 것이 무엇보다 중요하다. 기후위기 시대를 대비하여 과학적이고 체계적인 임도 관리에 대한 전방위적 관심과 과감한 정책 투자가 절실한 이유이다.

그림 6-2. 주변 경관과 잘 어울리는 대관령 임도(산림청)

3. 임도의 미래

과거 우리나라의 임도 정책은 산림을 녹화하고 보호하는 정책 목표를 달성하는 데 주로 초점을 맞추었다. 울창하고 무성한 숲을 가지게 된 오늘날에는 목재 수확을 위한 산림경영 면에서 임도 필요성을 피력하고 있으나, 산림재해 위험에 대한 염려로 인해 임도 정책은 생각만큼 국민적 동의를 얻지 못하고 있다.

세계가 인정할 만큼 성공적인 산림녹화를 이룩한 우리의 숲은 '키우는 숲'에서 '가꾸는 숲'을 넘어 '이용하는 숲'으로 탈바꿈하고 있다. 코로나19 팬데믹을 겪으면서 더욱 더 자연의 가치를 생각하게 되었고, 더불어 숲을 직접 느끼고 즐기는 고차원적인 이용에 대한 관심이 증가되었다. 과거, 숲의 경제적 가치를 주로 목재 생산이나 임산물 채취에 맞추었다면 앞으로는 다양한 공익적 가치와 더불어 휴양, 치유 등의 간접적인 가치가 더 중요해질 것이다,

임도는 사람을 숲으로 인도하는 역할을 한다. 길(임도)이 없다면 우리는 숲 속으로 갈 수도 없으며 아름답고 풍요로운 자연을 직접

만지고 느낄 수도 없다. 우리가 기대하는 미래의 임도는 다양한 모습으로 다가온다. 잘 만들어진 임도에는 아름드리나무를 벌채 수확하여 싣고 내려오는 대형 임업 장비, 어린 묘목을 심고 병충해를 방제하기 위한 작업 차량, 산불 예방 및 진화를 위한 산불 진화장비가 다니고 있을 것이다. 더불어, 산악용 자전거와 레저용 차량, 걷거나 달리는 사람들, 인적이 드문 시간에는 야생동물들도 이 길을 이용할 것이다. 임도의 미래 가치를 높이기 위해 전통적인 산림관리나 산림경영을 넘어 임도의 기능과 역할에 대해 다각적이고 심도있는 논의가 필요한 시점이다.

인구 감소와 지역 소멸 위험은 대한민국 사회가 직면한 가장 시급한 문제이다. 인구 감소는 상대적으로 생활 인프라가 취약한 지역에서 먼저 나타나며, 대부분의 산촌 지역은 인구 감소의 직격탄을 맞고 있다. 산촌 지역은 생활 공간이 고립되고 주변 지역과 분리되어 사회교류가 제한적이고, 이에 따른 일상생활의 어려움이 뚜렷이 나타나고 있다. 산림을 가꾸고 보호하기 위한 임도의 역할이 앞으로는 지역사회를 연결하고 지키는 역할로 점차 확대될 것이다. 이제 임도는 지역과 지역을 서로 연결하는 지역사회의 도로망 구실을 담당해야 할 것이다. 따라서, 앞으로 임도를 계획 및 개설할 때 지역의 공동체 문화 조성 및 연결성 개선의 부가적인 목적도 동시에 고려되어야 한다.

길이 없다면 갈 수 없다. 숲의 길이 되어 줄 임도는 숲을 숲답게 만들고 그 가치를 모두가 자유롭게 누리는 길을 열어 줄 것이다. 더불어 숲을 마음껏 즐기고자 하는 사람들에게 언제나 숲으로 들어갈 수 있는 수단을 제공하며, 점차 소멸되는 지역 사회를 소생시킬 소중한 기회를 가져다줄 것이다.

미주

1. 문화재청. 2021. 조선시대 9개대로 보도자료. https://cha.go.kr/newsBbz/selectNewsB
2. 이화영, 2021 옛길의 보존관리 및 보호활용 개선방안 연구. 한국전통문화대학교 대학원 문화유산학과 석사학위논문. pp 120.
3. 이상연, 박종민, 오경원. 2023. 조선시대 호남대로 '갈재옛길'의 조성특성 연구. 한국산림공학회지 21(1,2) 1-12.
4. 김종윤, 이준우. 1993. 우리나라의 임도 발달과정에 관한 고찰. 산림경제연구, 1, 57-71.
5. Dietz, P., W. Knigge, H. Löffler. 1984. Walderschließung. Verlag Paul Parey. Hamburg and Berlin, Germany. 426pp.
6. Gayer, K. 1863. Die forstbenutung. Paul Parey.
7. KUONEN, V. 1983. Wald-und Güterstrassen. Planung-Projektierung-Bau. Eigenvelag des verfassers. 743pp.
8. Matthews, D. M. 1942. Cost Control in the Logging Industry. McGraw-Hill. N.Y. 374pp.
9. Pestal, E. 1963. Kardinal Punk 500, Rukungsmethodeentscheiden Wegenetzdichte. Holz-Kurier, Nr. 51-52.
10. Harfner, F. Zur forstlichen Wegenetzlegung in steilem Gebirgsgelände, Allgemeine Forstzeit- ung, 75 Jahrgang folge 3-4.
11. USDA Forest Service. 2021. FY 2022 Budget Justification.
12. USDA Forest Service. 2021. Land Area Report.
13. Toscani, P., Sekot, W., Holzleitner, F. 2020. Forest roads from the perspective of managerial accounting—empirical evidence from Austria. Forests, 11(4), 378.
14. Bundesministerium für Land- und Forstwirtschaft, Regionen und Wasserwirtschaft. 2023. Österreichischer Waldbericht.
15. 日本 林野庁. 2012. 森林·林業白書.
16. British Columbia. https://www2.gov.bc.ca/gov/content/industry/natural-resource-use/resource-roads
17. https://www.naturallywood.com/topics/forest-management-in-british-columbia/
18. 酒井秀夫, 吉田美佳. 2018. 世界の林道.
19. 日本 林野庁. 2022. 森林·林業白書.
20. 국립산림과학원. 1995. 임도개설의 타당성과 개설 우선순위 결정방법. 임업연구사업보고서 4-II. 124-173.

21. 황진성, 지병윤, 정도현, 조민재. 2015. 임도시설에 따른 접근성 개선 및 산림작업비용 절감효과(I). 한국임학회지, 104(4), 615-621.
22. 황진성, 지병윤, 권형근, 정도현. 2016. 임도시설에 따른 접근성 개선 및 산림작업비용 절감효과(II). 한국임학회지. 105(4), 456-462.
23. 국립산림과학원. 2020. 임도신설 사업의 투자효과 분석. 연구자료. 제879호.
24. 緑の雇用研修資料. 2010. 効率的な施業 -低コスト木材生産の実現に向けて-「路網整備」.
25. 南方, 康. 1968. 林道網計画に関する研究. 東京大学農学部演習林報告, 64. 1-58.
26. 日本 林野庁. 2006. 望ましい作業システムの考え方.
27. Narayanaraj, G., Wimberly, M. C. 2012. Influences of forest roads on the spatial patterns of human-and lightning-caused wildfire ignitions. Applied geography, 32(2), 878-888.
28. Esmaeili Sharif, M., Amoozad, M., Shirani, K., Gorgandipour, M. 2016. The Effect of Forest Road Distance on Forest Fire Severity (Case Study: Fires in the Neka County Forestry). Ecopersia, 4(2), 1331-1342.
29. Finnish Forest Association. 2018. Finland has a problem with too few forest fires to promote biodiversity burned down areas should be protected.
30. UN REDD 프로그램, 2019.
31. 국립산림과학원. 2009. 산림벌채 부산물의 압축화 기술.
32. Central Intelligence Agency. 2019. The World Factbook. Central Intelligence Agency, Washington, DC, USA.
33. Boston K. 2016. The potential effects of forest roads on the environment and mitigating their impacts. Curr Forestry Rep 2:215-222.
34. Coffin AW. 2007. From roadkill to road ecology: a review of the ecological effects of roads. J Transp Geogr 15:396-406.
35. Keller I, Largiader CR. 2003. Recent habitat fragmentation caused by major roads leads to reduction of gene flow and loss of genetic variability in ground beetles. Proc R Soc Lond B Biol Sci 270:417-423.
36. Cole EK, Pope MD, Anthony RG. 1997. Effects of road management on movement and survival of Roosevelt elk. J Wildl Manag 61:1115-1126.
37. Jones ME. 2000. Road upgrade, road mortality and remedial measures: impacts on a population of eastern quolls and Tasmanian devils. Wildlife Research 27:289-296.
38. Blake D, Hutson A, Racey P, Rydell J, Speakman J. 1994. Use of lamplit roads by foraging bats in southern England. Journal of Zoology 234:453-462.
39. Bruinderink GG, Hazebroek E. 1996. Ungulate traffic collisions in Europe. Conservation Biology 10:1059-1067.

40. Crabtree RL, Wolfe ML. 1988. Effects of alternate prey on skunk predation of waterfowl nests. Wildlife Society Bulletin 16:163-169.
41. Roever C, Boyce M, Stenhouse G. 2008. Grizzly bears and forestry: I. road vegetation and placement as an attractant to grizzly bears. Forest Ecology and Management 256:1253-1261.
42. Vaisfeld MA, Gubar' JP. 2015. Review of the red fox, wolf, raccoon dog and badger situation in central and north- western regions of European Russia at the beginning of the twenty-first Century. Zoology and Ecology 25:181-191.
43. Barrientos R, Bolonio L. 2009. The presence of rabbits adjacent to roads increases polecat road mortality. Biodiversity and Conservation 18:405-418.
44. Garrote G, Fernández-López J, López G, Ruiz G, Simón MA. 2018. Prediction of Iberian lynx road-mortality in southern Spain: a new approach using the MaxEnt algorithm. Animal Biodiversity and Conservation 41:217-225.
45. Planillo A, Mata C, Manica A, Malo JE. 2018. Carnivore abundance near motorways related to prey and roadkills. Journal of Wildlife Management 82: 319-327.
46. Cieminski KL, Flake LD. 1997. Mule deer and pronghorn use of wastewater ponds in a cold desert. Great Basin Naturalist 327-337.
47. Bekenov A, Grachev IA, Milner-Gulland E. 1998. The ecology and management of the saiga antelope in Kazakhstan. Mammal Review 28:1-52.
48. Newmark WD, Boshe JI, Sariko HI, Makumbule GK. 1996. Effects of a highway on large mammals in Mikumi National Park, Tanzania. African Journal of Ecology 34:15-31.
49. Sato Y, Kamiishi C, Tokaji T, Mori M, Koizumi S, Kobayashi K, Itoh T, Sonohara W, Takada MB, Urata T. 2014. Selection of rub trees by brown bears (Ursus arctos) in Hokkaido, Japan. Acta Theriologica 59:129-137.
50. Vogt K, Hofer E, Ryser A, Kölliker M, Breitenmoser U. 2016. Is there a trade-off between scent marking and hunting behaviour in a stalking predator, the Eurasian lynx, Lynx lynx? Animal Behaviour 117:59-68.
51. Hinton JW, Proctor C, Kelly MJ, van Manen FT, Vaughan MR, Chamberlain MJ. 2016. Space use and habitat selection by resident and transient red wolves (Canis rufus). PLoS One 11:e0167603.
52. Barja I, de Miguel FJ, Bárcena F. 2004. The importance of crossroads in faecal marking behaviour of the wolves (Canis lupus). Naturwissenschaften 91:489-492.

53. Barja I, Miguel Fd, Barcena F. 2005. Faecal marking behaviour of Iberian wolf in different zones of their territory. Folia Zoologica 54:21-29.
54. Dodd Jr, CK, Barichivich WJ, Smith LL. 2004. Effectiveness of a barrier wall and culverts in reducing wildlife mortality on a heavily traveled highway in Florida. Biological conservation 118:619-631.
55. Taylor BD, Goldingay RL. 2004. Wildlife road-kills on three major roads in north-eastern New South Wales. Wildlife Research 31:83-91.
56. Van Wieren SE, Worm PB. 2001. The use of a motorway wildlife overpass by large mammals. Netherlands Journal of Zoology 51:97-105.
57. Clevenger AP, Waltho N. 2000. Factors influencing the effectiveness of wildlife underpasses in Banff National Park, Alberta, Canada. Conservation biology 14:47-56.
58. Forman RTT, Sperling D, Bissonette JA, Clevenger AP, Cutshall CD, Dale VH, Fahrig L, France R, Goldman CR, Heanue K, Jones JA, Swanson FJ, Turrentine T, Winter TC. 2003. Road Ecology; Science and Solutions. Island Press, Washington, DC, USA.
59. 산림청. 2015. 임도개설이 야생동물 및 식물에 미치는 영향.
60. 박지은, 박삼봉, 박정근, 안종빈, 김봉규, 추갑철. 2016. 임도시공 후의 비탈면 식생침입 및 식물상 동태. 농업생명과학연구, 50(4), 1-15.
61. 김준민, 임양재, 전의식. 2000. 한국의 귀화식물.
62. 윤석락, 정성훈, 서동진, 원경록, 박한민, 김종갑, 변희섭. 2012. 침전·훈증처리 소나무재선충병 피해목의 휨강도성능 및 경도에 관한 연구. 목재공학 40(1):53-59.
63. 서인교. 2016. 소나무재선충 피해목 활용을 위한 수집작업시스템의 공정 및 비용 분석. 경북대학교 농학석사학위논문.
64. 정규원. 2023. 기후위기시대의 산림관리. 넥서스환경디자인연구소.
65. 조계중, 박율진, 박봉우, 윤영균. 2022. 산림휴양학. 향문사.
66. 이원석, 이수연, 서명훈, 김성기, 전철현. 2012. "도시지하공간 식물재배시설 조성에 대한 지불의사액 추정: 메트로팜사례를 중심으로." 농촌경제 제35권 제4호. pp. 135-154.
67. 국립산림과학원. 2020. 임도 신설사업의 투자 효과 분석.
68. 최윤호, 정다워, 김건우, 권치원, 임효진, 김명준, 박범진. 2013. 임도와 등산로 보행 시 심리상태 비교에 관한 연구. 산림과학 공동학술발표논문집, 1124-1127.
69. 임효진, 김보영, 최윤호, 정다워, 김기원, 박범진. 2012. 숲 환경 속의 산책이 심리적 안정에 미치는 영향. 한국산림휴양학회 학술발표회 자료집, 101-105.
70. 엄판도, 황민철. 2015. 자율신경계 반응의 측정을 통한 계곡, 임도, 그리고 도시환경의 경관감상이 감성에 미치는 영향 규명. 한국산림휴양학회지, 19(4): 1-12.

71. 최윤호, 정다워, 김건우, 권치원, 임효진, 김명준, 박범진. 2013. 임도와 등산로 걷기 비교를 통한 임도에서의 걷기가 건강증진에 미치는 영향 규명: 목표심박수를 활용하여 50대를 대상으로. 한국산림휴양학회 학술발표회 자료집, 689-692.
72. 전용준, 최윤호, 김명준, 이준우, 박범진. 2011. 건강증진 환경 조성을 위한 도시근교 임도의 활용 가능성. Korean Journal of Agricultural Science, 38(1): 109-113.
73. 국가법령정보센터. 2023. 임도설치 및 관리 등에 관한 규정.
74. 산림청. 2018. 숲과 사람이 함께하는 테마임도.
75. 최훈. 2009. 녹색성장시대 임도를 활용하자 4. 강원도민일보.
76. 산림청. 2023. 테마임도 현황. 목재산업과.
77. 최훈. 2009. 녹색성장시대 임도를 활용하자 3. 강원도민일보.
78. 산림청. 2016. 산림레포츠시설 운영 실태조사 및 매뉴얼 개발.
79. 하동군청 보도자료. 2022.
80. 매일경제. 2018. [테마형 숲길] 맨발로 황톳길 걷고 트레킹·승마까지… '테마林道'로 오세요. https://www.mk.co.kr/news/special-edition/8371350
81. 국가법령정보센터. 2023. 산림문화휴양에 관한 법률. law.go.kr
82. 매일경제. 2018. [테마형 숲길] 맨발로 황톳길 걷고 트레킹·승마까지… '테마林道'로 오세요. https://www.mk.co.kr/news/special-edition/8371350
83. Lee, J.H. 2010. Walderholung in Korea und in Deutschland. University Press Goettingen
84. 이주형, 2011. 독일의 자연휴양림 (Naturpark) 연구를 통한 숲휴양고찰. 한국산림과학회지, 100(3): 334-343.
85. Federal Ministry of Food and Agriculture, 2021, German Forests-Forests for Nature and People.
86. 최훈. 2009. 녹색성장시대 임도를 활용하자 7. 강원도민일보.
87. USDA Forest Service. 2023. https://www.fs.usda.gov/visit-us/recreation.
88. 산림청. 2016. 산림레포츠시설 운영 실태조사 및 매뉴얼 개발.
89. 국립 레크리에이션 트레일. 2024. https://www.nrtapplication.org/
90. 국립산림과학원. 2020. 산림자원을 활용한 의료연계 서비스 국외 사례. 연구자료 제846호.
91. 森林セラピー総合サイト. 2023. https://www.fo-society.jp/quarter/index.html
92. 林野庁. 2024. https://www.rinya.maff.go.jp/
93. Estrella , M. and Saalismaa, N. 2013. Ecosystem-based DRR: An overview. In, The Role of Ecosystems in Disaster Risk Reduction.

참고 문헌

국외 문헌

Barja I, de Miguel FJ, Bárcena F. 2004. The importance of crossroads in faecal marking behaviour of the wolves (Canis lupus). Naturwissenschaften 91:489-492.

Barja I, Miguel Fd, Barcena F. 2005. Faecal marking behaviour of Iberian wolf in different zones of their territory. Folia Zoologica 54:21-29.

Barrientos R, Bolonio L. 2009. The presence of rabbits adjacent to roads increases polecat road mortality. Biodiversity and Conservation 18:405-418.

Bekenov A, Grachev IA, Milner-Gulland E. 1998. The ecology and management of the saiga antelope in Kazakhstan. Mammal Review 28:1-52.

Blake D, Hutson A, Racey P, Rydell J, Speakman J. 1994. Use of lamplit roads by foraging bats in southern England. Journal of Zoology 234:453-462.

Boston K. 2016. The potential effects of forest roads on the environment and mitigating their impacts. Curr Forestry Rep 2:215-222.

Bruinderink GG, Hazebroek E. 1996. Ungulate traffic collisions in Europe. Conservation Biology 10:1059–1067.

Bundesministerium für Land- und Forstwirtschaft, Regionen und Wasserwirtschaft. 2023. Österreichischer Waldbericht.

Central Intelligence Agency. 2019. The World Factbook. Central Intelligence Agency, Washington, DC, USA.

Cieminski KL, Flake LD. 1997. Mule deer and pronghorn use of wastewater ponds in a cold desert. Great Basin Naturalist 327-337.

Clevenger AP, Waltho N. 2000. Factors influencing the effectiveness of wildlife underpasses in Banff National Park, Alberta, Canada. Conservation biology 14:47-56.

Coffin AW. 2007. From roadkill to road ecology: a review of the ecolog?ical effects of roads. J Transp Geogr 15:396-406.

Cole EK, Pope MD, Anthony RG. 1997. Effects of road management on movement and survival of Roosevelt elk. J Wildl Manag 61:1115-1126.

Crabtree RL, Wolfe ML. 1988. Effects of alternate prey on skunk predation of waterfowl nests. Wildlife Society Bulletin 16:163-169.

DeVault TL, Blackwell BF, Seamans TW, Lima SL, Fernandez JE. 2015. Speed kills: ineffective avian escape responses to oncoming vehicles. Proc R Soc Lond B Biol Sci 282:20142188.

Dietz, P., W. Knigge, H. Löffler. 1984. Walderschließung. Verlag Paul Parey. Hamburg and Berlin, Germany. 426pp.
Dodd Jr, CK, Barichivich WJ, Smith LL. 2004. Effectiveness of a barrier wall and culverts in reducing wildlife mortality on a heavily traveled highway in Florida. Biological conservation 118:619-631.
Esmaeili Sharif, M., Amoozad, M., Shirani, K., Gorgandipour, M. 2016. The Effect of Forest Road Distance on Forest Fire Severity (Case Study: Fires in the Neka County Forestry). Ecopersia, 4(2), 1331-1342.
Estrella , M. and Saalismaa, N. 2013. Ecosystem-based DRR: An overview. In, The Role of Ecosystems in Disaster Risk Reduction.
Federal Ministry of Food and Agriculture, 2021, German Forests-Forests for Nature and People.
Finnish Forest Association. 2018. Finland has a problem with too few forest fires to promote biodiversity burned down areas should be protected.
Forman RTT, Sperling D, Bissonette JA, Clevenger AP, Cutshall CD, Dale VH, Fahrig L, France R, Goldman CR, Heanue K, Jones JA, Swanson FJ, Turrentine T, Winter TC. 2003. Road Ecology; Science and Solutions. Island Press, Washington, DC, USA.
Frankfurter Rundschau, 2019. https://www.fr.de/frankfurt/tag-baumes-stadtwald-frankfurt-12234049.html
Garrote G, Fernández-López J, López G, Ruiz G, Simón MA. 2018. Prediction of Iberian lynx road-mortality in southern Spain: a new approach using the MaxEnt algorithm. Animal Biodiversity and Conservation 41:217-225.
Gayer, K. 1863. Die forstbenutung. Paul Parey.
Harfner, F. Zur forstlichen Wegenetzlegung in steilem Gebirgsgelände, Allgemeine Forstzeit- ung, 75 Jahrgang folge 3-4.
Hinton JW, Proctor C, Kelly MJ, van Manen FT, Vaughan MR, Chamberlain MJ. 2016. Space use and habitat selection by resident and transient red wolves (Canis rufus). PLoS One 11:e0167603.
James Douris. 2021. WMO Atlas of mortality and economic losses from weather, clmate and water extremes(1970-2019). WMO.
Jones ME. 2000. Road upgrade, road mortality and remedial measures: impacts on a population of eastern quolls and Tasmanian devils. Wildlife Research 27:289-296.
Keller I, Largiader CR. 2003. Recent habitat fragmentation caused by major roads leads to reduction of gene flow and loss of genetic variability in ground beetles. Proc R Soc Lond B Biol Sci 270:417-423.

KUONEN, V. 1983. Wald-und Güterstrassen. Planung-Projektierung-Bau. Eigenvelag des verfassers. 743pp.

Laschi, A., Foderi, C., Fabiano, F., Neri, F., Cambi, M., Mariotti, B., Marchi, E. 2019. Forest road planning, construction and maintenance to improve forest fire fighting: a review. Croatian Journal of Forest Engineering: Journal for Theory and Application of Forestry Engineering, 40(1), 207-219.

Lee, J.H. 2010. Walderholung in Korea und in Deutschland. University Press Goettingen.

Matthews, D. M. 1942. Cost Control in the Logging Industry. McGraw-Hill. N.Y. 374pp.

Narayanaraj, G., & Wimberly, M. C. 2012. Influences of forest roads on the spatial patterns of human-and lightning-caused wildfire ignitions. Applied geography, 32(2), 878-888.

Newmark WD, Boshe JI, Sariko HI, Makumbule GK. 1996. Effects of a highway on large mammals in Mikumi National Park, Tanzania. African Journal of Ecology 34:15-31.

Pestal, E. 1963. Kardinal Punk 500, Rukungsmethodeentscheiden Wegenetzdichte. Holz-Kurier, Nr. 51-52.

Planillo A, Mata C, Manica A, Malo JE. 2018. Carnivore abundance near motorways related to prey and roadkills. Journal of Wildlife Management 82: 319-327.

Roever C, Boyce M, Stenhouse G. 2008. Grizzly bears and forestry: I. road vegetation and placement as an attractant to grizzly bears. Forest Ecology and Management 256:1253-1261.

Sato Y, Kamiishi C, Tokaji T, Mori M, Koizumi S, Kobayashi K, Itoh T, Sonohara W, Takada MB, Urata T. 2014. Selection of rub trees by brown bears (Ursus arctos) in Hokkaido, Japan. Acta Theriologica 59:129-137.

Taylor BD, Goldingay RL. 2004. Wildlife road-kills on three major roads in north-eastern New South Wales. Wildlife Research 31:83-91.

Toscani, P., Sekot, W., & Holzleitner, F. 2020. Forest roads from the perspective of managerial accounting—empirical evidence from Austria. Forests, 11(4), 378.

USDA Forest Service. 2021. FY 2022 Budget Justification.

USDA Forest Service. 2021. Land Area Report.

Vaisfeld MA, Gubar' JP. 2015. Review of the red fox, wolf, raccoon dog and badger situation in central and north- western regions of European

Russia at the beginning of the twenty-first Century. Zoology and Ecology 25:181-191.

Van Wieren SE, Worm PB. 2001. The use of a motorway wildlife overpass by large mammals. Netherlands Journal of Zoology 51:97-105.

Vogt K, Hofer E, Ryser A, Kölliker M, Breitenmoser U. 2016. Is there a trade-off between scent marking and hunting behaviour in a stalking predator, the Eurasian lynx, Lynx lynx? Animal Behaviour 117:59–68.

Živanović, S., Zigar, D., Čipev, J. 2021. Forest roads as the key to forest protection against fire. Safety Engineering, 11(2), 59-64.

南方, 康. 1968. 林道網計画に関する研究. 東京大学農学部演習林報告, 64. 1-58.

緑の雇用研修資料. 2010. 効率的な施業 -低コスト木材生産の実現に向けて-「路網整備」.

日本 林野庁. 2006. 望ましい作業システムの考え方.

日本 林野庁. 2012. 森林·林業白書.

日本 林野庁. 2022. 森林·林業白書.

林野庁. 2024. https://www.rinya.maff.go.jp/

酒井秀夫, 吉田美佳. 2018. 世界の林道.

국내 문헌

국가법령센터. 2023. 도로의 구조, 시설 기준에 관한 규칙. https://www.law.go.kr/lsLinkProc.do?ancYd=20180719&lsClsCd=L&lsNm=%EB%8F%84%EB%A1%9C%EC%9D%98%EA%B5%AC%EC%A1%B0%C2%B7%EC%8B%9C%EC%84%A4%EA%B8%B0%EC%A4%80%EC%97%90%EA%B4%80%ED%95%9C%EA%B7%9C%EC%B9%99&lsId=2001619&joNo=000300000&mode=4

국가통계포털. 2023. 도로현황 총괄표. https://kosis.kr/statHtml/statHtml.do?orgId=116&tblId=DT_MLTM_5680&vw_cd=MT_ZTITLE&list_id=M2_10&scrId=&seqNo=&lang_mode=ko&obj_var_id=&itm_id=&conn_path=MT_ZTITLE&path=%252FstatisticsList%252FstatisticsListIndex.do

국립산림과학원. 1995. 임도개설의 타당성과 개설 우선순위 결정방법. 임업연구사업보고서 4-II. 124-173.

국립산림과학원. 2011. 산림벌채 부산물의 압축화 기술. pp.11

국립산림과학원. 2020. 산림자원 순환경제 중기연구계획: 2020~2024. 국립산림과학원.

국립산림과학원. 2020. 산림자원을 활용한 의료연계 서비스 국외 사례. 연구자료 제846호.

국립산림과학원. 2020. 임도신설 사업의 투자효과 분석. 연구자료. 제879호. 국립산림과학원.

국립산림과학원. 2021. 산사태 제대로 알기. 국립산림과학원.
국토정보지리원. 2020. 대한민국국가지도집(제2권). 국토정보지리원.
김종윤, 이준우. 1993. 우리나라의 임도 발달과정에 관한 고찰. 산림경제연구, 1, 57-71.
김준민, 임양재, 전의식. 2000. 한국의 귀화식물.
김현숙, 이준우, 이상명. 2023. 임도 개설 전후 식물상 및 식생 변화 분석. –전북 무주군 설천면 미천리 민주지산 임도를 중심으로– 한국환경생태학회지 37(5):367-391.
노망을 활용한 삼림작업시스템 -삼림작업시스템구축의 기본-. 2020. 일반사단법인 포레스트 서베이.
박지은, 박삼봉, 박정근, 안종빈, 김봉규, 추갑철. 2016. 임도시공 후의 비탈면 식생침입 및 식물상 동태. 농업생명과학연구, 50(4), 1-15.
산림청, 2023. 테마임도현황. 산림청.
산림청. 2015. 임도개설이 야생동물 및 식물에 미치는 영향. 산림청.
산림청. 2016. 산림레포츠시설 운영 실태조사 및 매뉴얼 개발. 산림청.
산림청. 2018. 숲과 사람이 함께하는 테마임도. 산림청.
산림청. 2020. 임업통계연보. 산림청.
산림청. 2021. 임업통계연보. 산림청.
산림청. 2022. 산불통계연보. 산림청.
산림청. 2023. 산불통계연보. 산림청.
산림청. 2023. 10년간 산불발생 현황. https://www.forest.go.kr/kfsweb/kfi/kfs/frfr/selectFrfrStats.do
산림청. 2023. 임업통계연보. 산림청.
산림청. 2023. 테마임도 현황. 목재산업과.
서인교. 2016. 소나무재선충 피해목 활용을 위한 수집작업시스템의 공정 및 비용 분석. 경북대학교 농학석사학위논문.
엄판도, 황민철. 2015. 자율신경계 반응의 측정을 통한 계곡, 임도, 그리고 도시환경의 경관감상이 감성에 미치는 영향 규명. 한국산림휴양학회지, 19(4): 1-12.
윤석락, 정성훈, 서동진, 원경록, 박한민, 김종갑, 변희섭. 2012. 침전·훈증처리 소나무재선충병 피해목의 휨강도성능 및 경도에 관한 연구. 목재공학 40(1):53-59.
이상연, 박종민, 오경원. 2023. 조선시대 호남대로 '갈재옛길'의 조성특성 연구. 한국산림공학회지 21(1,2) 1-12.
이상호, 김필. 2023. 지방소멸위험지수 원시자료. 한국고용정보원.
이원석, 이수연, 서명훈, 김성기, 전철현. 2012. "도시지하공간 식물재배시설 조성에 대한 지불의사액 추정: 메트로팜사례를 중심으로." 농촌경제 제35권 제4호. pp. 135-154.

이주형, 2011. 독일의 자연휴양림 (Naturpark) 연구를 통한 숲휴양고찰. 한국산림과학회지, 100(3): 334-343.
이화영, 2021 옛길의 보존관리 및 보호활용 개선방안 연구. 한국전통문화대학교 대학원 문화유산학과 석사학위논문. pp 120.
임효진, 김보영, 최윤호, 정다워, 김기원, 박범진. 2012. 숲 환경 속의 산책이 심리적 안정에 미치는 영향. 한국산림휴양학회 학술발표회 자료집, 101-105.
이우균, 황석태, 오일영, 류필무, 강부영. 2023. 자연기반해법: 위기에서 살아남는 현명한 방법. 40.
전용준, 최윤호, 김명준, 이준우, 박범진. 2011. 건강증진 환경 조성을 위한 도시근교 임도의 활용 가능성. Korean Journal of Agricultural Science, 38(1): 109-113.
정규원. 2023. 기후위기시대의 산림관리. 넥서스환경디자인연구소.
중부지방산림청. 2023. 임도 개설이 야생 동식물에 미치는 영향 모니터링. 중부지방산림청.
조계중, 박율진, 박봉우, 윤영균. 2022. 산림휴양학. 향문사.
최윤호, 정다워, 김건우, 권치원, 임효진, 김명준, 박범진. 2013. 임도와 등산로 걷기 비교를 통한 임도에서의 걷기가 건강증진에 미치는 영향 규명: 목표심박수를 활용하여 50대를 대상으로. 한국산림휴양학회 학술발표회 자료집, 689-692.
차두송, 지병윤, 전근우. 2009. 집중호우에 의한 산사태와 임도의 관계분석. 한국임학회 학술발표논문집. 343-344.
최윤호, 정다워, 김건우, 권치원, 임효진, 김명준, 박범진. 2013. 임도와 등산로 보행 시 심리상태 비교에 관한 연구. 산림과학 공동학술발표논문집, 1124-1127.
최훈. 2009. 녹색성장시대 임도를 활용하자 4. 강원도민일보.
통계청. 2021. 2020년 농림어업총조사 지역조사결과. 통계청.
통계청. 2023. 2022년 농림어업조사결과. 통계청.
하동군청 보도자료. 2022.
한국고용정보원. 2023. 통계로 본 지역고용.
황영인, 권형근, 서정일, 이준우, 이경철, 최예준, 전현준. 2023. 상대정규탄화지수에 근거한 임도의 산불피해 감소 기능 분석. 한국산림과학회 하계학술발표자료집. 73p.
황진성, 지병윤, 권형근, 정도현. 2016. 임도시설에 따른 접근성 개선 및 산림작업 비용 절감효과(II). 한국임학회지. 105(4), 456-462.
황진성, 지병윤, 정도현, 조민재. 2015. 임도시설에 따른 접근성 개선 및 산림작업 비용 절감효과(I). 한국임학회지, 104(4), 615-621.

온라인(Online)

국가법령정보센터. 2023. 산림문화휴양에 관한 법률. https://www.law.go.kr/%EB%B2%95%EB%A0%B9/%EC%82%B0%EB%A6%BC%EB%AC%B8%ED%99%94%C2%B7%ED%9C%B4%EC%96%91%EC%97%90%EA%B4%80%ED%95%9C%EB%B2%95%EB%A5%A0

국가법령정보센터. 2023. 임도설치 및 관리 등에 관한 규정. https://www.law.go.kr/LSW/admRulLsInfoP.do?admRulSeq=2100000218498

국립 레크리에이션 트레일. 2024. https://www.nrtapplication.org/

국가통계포털. 도로현황. https://kosis.kr/search/search.do

국가통계포털. 2023. 인구상황판. https://kosis.kr/visual/populationKorea/PopulationDashBoardMain.do

林野庁. 2024. https://www.rinya.maff.go.jp/j/kokuyu_rinya/kokumin_mori/katuyo/reku/rekumori/

매일경제. 2018. [테마형 숲길] 맨발로 황톳길 걷고 트레킹·승마까지…`테마林道`로 오세요. https://www.mk.co.kr/news/special-edition/8371350

문화재청. 2021. 조선시대 9개대로 보도자료. https://cha.go.kr/newsBbz/selectNewsB

산림청. 2023. 귀산촌 통계. https://www.forest.go.kr/kfsweb/kfi/kfs/cms/cmsView.do?mn=NKFS_03_07_04_01&cmsId=FC_000433

森林セラピー総合サイト. 2023. https://www.fo-society.jp/quarter/index.html

https://www.oita-foresttherapy.jp/files/Road/0/Road_5_pdf.pdf

United Nations. 2023. https://sdgs.un.org/goals

e-나라지표. 2023. 일 평균 도로교통량. https://www.index.go.kr/unity/potal/main/EachDtlPageDetail.do?idx_cd=1212

British Columbia. https://www2.gov.bc.ca/gov/content/industry/natural-resource-use/resource-roads

https://www.index.go.kr/unity/potal/main/EachDtlPageDetail.do?idx_cd=1212

https://www.naturallywood.com/topics/forest-management-in-british-columbia/

ParkRX Day. 2023. https://www.parkrx.org/content/directory-programs

USDA Forest Service. 2023. https://www.fs.usda.gov/visit-us/recreation.

저자 소개

권형근
한국농수산대학교 작물산림학부 교수

충남대학교에서 산림자원학을 전공하고 동 대학원에서 석사, 박사학위를 받았다. 2021년부터 한국농수산대학교 교수로 재직 중이며, 임도를 중심으로 산림공학 분야의 연구를 수행하고 있다. 임도에 대한 부정적 인식을 개선하고 임도 본연의 역할과 필요성을 제고하기 위해 이 책을 썼다. 임도가 산림탄소경영과 산림재난피해 저감을 위한 해결책으로서 중요한 역할을 할 수 있기를 기대한다.

김소연
가톨릭관동대학교 산림치유학과 교수

강원대학교에서 산림경영을 전공하고 동 대학원에서 석사 및 박사학위를 받았다. 강원대학교 산림과학연구소를 거쳐 2022년부터 가톨릭관동대학교 교수로 재직 중이다. 산림경영을 바탕으로 공익적 기능의 산림치유 및 교육에 관해 연구를 수행하고 있다. 이 책에서는 임도를 활용한 산림휴양에 관한 내용을 집필하였다.

손지영
한국치산기술협회 치산기술연구소 임도연구실장

경북대학교에서 산림자원학을 전공하고, 일본 동경대학교(Tokyo University)에서 산림과학 농학석사 및 농학박사 학위를 취득하였다. 2021년부터 한국치산기술협회 임도연구실장으로 재직 중이며, 임도 개설 전 과학적이고 정량적인 분석을 통해 임도 개설의 타당성을 평가하고 임도의 유지관리를 위한 조사와 연구를 수행하고 있다. 이 책에서는 산림재난과 임도의 관계에 대해 서술하였다.

서정일
국립공주대학교 산림과학과 교수

강원대학교에서 임학으로 농학사 학위를, 동 대학원에서 산림자원 및 환경으로 농학석사 학위를, 일본 홋카이도대학(Hokkaido University) 대학원에서 환경자원학을 전공하여 농학박사 학위를 취득하였다. 2013년부터 국립공주대학교 교수로 재직 중이며, 기후변화에 따른 산림재난의 방재와 산림유역의 생태계 보전을 주제로 연구와 교육을 수행하고 있다. 이 책에서는 산림재난과 임도의 관계에 대해 서술하였다.

어수형
국립공주대학교 산림과학과 교수

서울대학교에서 산림자원학을 전공하고 동 대학원에서 석사 학위를, 미국 조지아대학교(University of Georgia) 산림과학(School of Forestry and Natural Resources) 전공으로 박사 학위를 받았다. 2012년부터 국립공주대학교 교수로 재직 중이며, 산림 생물다양성과 보전유전학 분야를 연구하고 있다. 이 책에서는 임도와 야생동물의 관계에 대하여 서술하였다.

이준우
충남대학교 산림환경자원학과 교수

서울대학교에서 임학을 전공하고 동 대학원에서 석사, 박사학위를 취득하였다. 1994년부터 충남대학교 교수로 재직하며 산림공학 분야에서 다양한 연구를 수행하였다. 이 책에서는 임도의 역사와 현황, 산촌과 지역사회에서 임도의 필요성에 대해 서술하였다.

임상준
서울대학교 산림과학부 교수

서울대학교에서 농공학을 전공하고, 동 대학원에서 공학석사 및 공학박사 학위를 취득하였다. 2004년부터 서울대학교 교수로 재직 중이며, 전통적인 산림공학(사방공학, 임도공학)을 기초로 산사태, 산불과 같은 산림재해 관리와 훼손산림의 생태공학적 복원에 대한 연구를 수행하고 있다.
이 책에서는 우리나라 임도의 미래 가치와 해결해야 할 당면 과제에 대해 서술하였다.

최윤성
국립산림과학원 산림기술경영연구소 임업연구사

강원대학교에서 바이오시스템공학을 전공하고, 동 대학원에서 공학석사 및 공학박사 학위를 취득하였다. 2023년 12월부터 국립산림과학원 산림기술경영연구소 임업연구사로 재직 중이며, 산림재해 안전성을 고려한 임도의 구조 개선 및 구조강화 기술 개발을 수행하고 있다. 이 책에서는 임도에서의 임업기계화와 산림바이오매스 활용 가능성에 대해 서술하였다.

한상균
강원대학교 산림과학부 교수

강원대학교 학부와 대학원에서 임학을 전공하였고, 미국 아이다호주립대학교(University of Idaho)에서 목재생산학으로 석사 학위를, 미국 오리건주립대학교(Oregon State University)에서 산림공학으로 박사 학위를 취득하였다. 2020년부터 강원대학교 교수로 재직하며, 임목 수확에 있어서 경제적 및 환경적 측면을 고려한 적정 목재생산 시스템 및 임업기계에 대하여 연구하고 있다. 또한 지속가능한 산림경영을 위한 친환경적 임도의 개설 및 관리에 대해서도 연구를 수행하고 있다. 이 책에서는 산림경영에 있어서 임도의 기능 및 개설 효과, 그리고 임업기계화와 임도와의 관계에 대해 서술하였다.

황진성
국립산림과학원 산림기술경영연구소 임업연구사

강원대학교에서 산림경영을 전공하고, 동 대학원에서 농학 석·박사 학위를 취득하였다. 2018년부터 국립산림과학원 임업연구사로 재직 중이며, 산림경영 기반시설인 임도의 계획과 조성, 유지관리와 더불어 가치 평가 및 환경영향 저감방안, 다목적 활용방안에 대한 연구를 수행하고 있다. 이 책에서는 산림경영, 임업기계화, 탄소경영 등 산림자원의 경영 및 활용에 있어서 임도의 역할과 필요성에 대해 서술하였다.

숲으로 가는 길, 임도의 과학적 근거

1판 1쇄 2024년 9월 10일
지은이 권형근 김소연 서정일 손지영 어수형
이준우 임상준 최윤성 한상균 황진성

디자인 김민정
펴낸이 이명제

펴낸곳 지을
출판등록 제2021-000101호

전화번호 070-7954-3323
홈페이지 www.jieul.co.kr
이메일 jieul.books@gmail.com

ISBN 979-11-93770-12-2 (93530)

슬기로운 지식을 담은 책 로운known
로운은 지을의 지식책 브랜드입니다.

이 책은 FSC인증지를 사용했으며, 재생 펄프를 함유한 종이로 만들었습니다.
표지에 비닐 코팅을 하지 않았으므로 종이류로 분리배출할 수 있습니다.

표지: 올드밀 리사이클 비앙코 250g, 면지: 밍크지 회갈색 120g, 내지: 친환경미색지 95g